"어떤 문제에도 흔들리지 않는 상위

싶은 학생이라면 **수학의 고수** 를 추

수학의 고수 추천 TALK! TALK!

고수는 고수를 알아보는 법!

"아이들이 고난도 문제까지 차근차근 도달할 수 있도록 단계별로 잘 구성한 교재입니다. 다음에 배울 내용도 잘 정리되어 있어 상위권 친구들에게 많은 도움이 될 것 같습니다."

-이은희 선생님-

"수학적 사고를 필요로 하는 문항들이 많아서 자연스럽게 수학 실력을 길러주는 강점을 가진 책이라 꼭 풀어보길 권하고 싶습니다."

- 권승미 선생님 -

"심화 개념을 이해하기에 좋은 문제들로 구성되었고, 난이도가 균일한 방향성을 가지고 있어서 고득점 대비에 아주 좋았다는 느낌을 받았습니다."

- 양구근 선생님 -

"뻔한 심화서가 아닙니다. 응용력은 물론이고 개념에서 심화까지 해결해주는 고마운 심화서입니다."

- 윤인영 선생님 -

수학의 고수

" 전국의 145명 선생님들의 내공이 담겨
수학의 고수가 완성되었습니다."

검토단 선생님

곽민수 선생님 (압구정휴브레인학원)
권승미 선생님 (한뜻학원)
권혁동 선생님 (청탑학원)
김경남 선생님 (케이엘학원)
김방래 선생님 (비전매쓰학원)
김수연 선생님 (개념폴리아학원)
김승현 선생님 (분당가인아카데미학원)
변경주 선생님 (수학의아침학원)
양구근 선생님 (매쓰피아학원)
윤인영 선생님 (브레인수학학원)
이경랑 선생님 (수학의아침학원)
이송이 선생님 (인재와고수학원)
이은희 선생님 (한솔학원)
이흥식 선생님 (흥샘학원)
조항석 선생님 (계광중학교)

자문단 선생님

[서울]
고희권 선생님 (교우학원)
권치영 선생님 (지오학원)
김기방 선생님 (일등수학학원)
김대주 선생님 (황선생영수학원)
김미애 선생님 (스카이맥에듀학원)
김영섭 선생님 (하이클래스학원)
김희성 선생님 (다솜학원)
박소영 선생님 (임페라토학원)
박혜경 선생님 (개념플러스학원)
배미은 선생님 (문일중학교)
승영민 선생님 (청담클루빌학원)
이관형 선생님 (휴브레인학원)
이성애 선생님 (필즈학원)
이정녕 선생님 (펜타곤에듀케이션학원)
이효심 선생님 (뉴플러스학원)
임여옥 선생님 (명문연세학원)
임원정 선생님 (대현학원)
조세환 선생님 (이레학원)

[경기 · 인천]
강병덕 선생님 (청산학원)
강희표 선생님 (비원오길수학)
김동욱 선생님 (지성수학전문학원)
김명환 선생님 (김명환수학학원)
김상미 선생님 (김상미수학학원)
김선아 선생님 (하나학원)
김승호 선생님 (시흥 명품M학원)
김영희 선생님 (정석학원)
김은희 선생님 (제니스수학)
김인성 선생님 (우성학원)
김지영 선생님 (종로엠학원)
김태훈 선생님 (피타고라스학원)
문소영 선생님 (분석수학학원)
박성준 선생님 (아크로학원)
박수진 선생님 (소사왕수학학원)
박정근 선생님 (카이수학학원)
방은선 선생님(이룸학원)
배철환 선생님(매쓰블릭학원)
신금종 선생님 (다우학원)
신수림 선생님 (광명 SD명문학원)
이강민 선생님 (스토리수학학원)
이광수 선생님 (청학올림수학학원)
이광철 선생님 (블루수학학원)
이진숙 선생님 (휴먼이앤엠학원)
이채연 선생님 (다니엘학원)
이후정 선생님 (한보학원)
전용석 선생님 (연세학원)
정재도 선생님 (올림수학학원)
정재현 선생님 (마이다스학원)
정청용 선생님 (고대수학원)
조근장 선생님 (비전학원)
채수현 선생님 (밀턴수학학원)
최민희 선생님 (부천종로엠학원)
최우석 선생님 (블루밍영수학원)
하영석 선생님 (의치한학원)
한태섭 선생님 (선부 지캠프학원)
한효섭 선생님 (영웅아카데미학원)

[부산 · 대구 · 경상도]
강민정 선생님 (A+학원)
김득환 선생님 (세종학원)
김용백 선생님 (서울대가는수학학원)
김윤미 선생님 (진해 푸르넷학원)
김일용 선생님 (서전학원)
김태진 선생님 (한빛학원)
김한규 선생님 (수&수학원)
김홍식 선생님 (칸입시학원)
김황열 선생님 (유담학원)
박병무 선생님 (멘토학원)
박주흠 선생님 (술술학원)
서영덕 선생님 (탑앤탑영수학원)
서정아 선생님 (리더스주니어랩학원)
신호재 선생님 (시메쓰수학)
유명덕 선생님 (유일학원)
유희 선생님 (연세아카데미학원)
이상준 선생님 (조은학원)
이윤정 선생님 (성문학원)
이헌상 선생님 (한성교육학원)
이현정 선생님 (공감수학학원)
이현주 선생님 (동은위더스학원)
이희경 선생님 (강수학학원)
전경민 선생님 (아이비츠학원)
전재후 선생님 (진스터디학원)
정재헌 선생님 (에디슨아카데미학원)
정진원 선생님 (명문서울학원)
정찬조 선생님 (교원학원)
조명성 선생님 (한샘학원)
차주현 선생님 (경대심화학원)
최학준 선생님 (특별한학원)
편주연 선생님 (피타고라스학원)
한희광 선생님 (성산학원)
허균정 선생님 (이화수학학원)
황하륜 선생님 (THE 쉬운수학학원)

[대전 · 충청도]
김근래 선생님 (정통학원)
김대두 선생님 (페르마학원)
문중식 선생님 (동그라미학원)
석진영 선생님 (탑시크리트학원)
송명준 선생님 (JNS학원)
신영선 선생님 (해머수학학원)
오현진 선생님 (청석학원)
우명식 선생님 (상상학원)
윤충섭 선생님 (최윤수학학원)
이정주 선생님 (베리타스수학학원)
이진형 선생님 (우림학원)
장전원 선생님 (김앤장영어수학학원)
차진경 선생님 (대현학원)
최현숙 선생님 (아임매쓰수학학원)

[광주 · 전라도]
김미진 선생님 (김미진수학학원)
김태성 선생님 (필즈학원)
김현지 선생님 (김현지 수학학원)
김환철 선생님 (김환철 수학학원)
나윤호 선생님 (진월 진선규학원)
노형규 선생님 (노형석 수학학원)
문형임 선생님 (서부 고려E수학학원)
박지연 선생님 (온탑학원)
박지영 선생님 (일곡 카이수학/과학학원)
방미령 선생님 (동천수수학학원)
방주영 선생님 (스파르타 수학학원)
송신영 선생님 (반세영재학원)
신주영 선생님 (용봉 이룸수학학원)
오성진 선생님 (오성진 수학스케치학원)
유미행 선생님 (왕일학원)
윤현식 선생님 (강남에듀학원)
이고은 선생님 (리엔수학학원)
이명래 선생님 (오른수학&이명래학원)
이은숙 선생님 (윤재석수학학원)
장인경 선생님 (장선생수학학원)
정은경 선생님 (일곡 정은수학학원)
정은성 선생님 (챔피언스쿨학원)
정인하 선생님 (메가메스수학학원)
정희철 선생님 (운암 천지학원)
지승룡 선생님 (임동 필즈학원)
최민경 선생님 (명재보습학원)
최현진 선생님 (백운세종학원)

초등 수학

3-2

수학의 고수

구성과 특징

"난 수학의 고수가 될 거야!"

수학의 고수 학습 전략

1. 단원 대표 문제로 필수 개념 확인
2. 유형, 실전, 최고 문제로 이어지는 3단계 집중 학습
3. 새 교육과정에 맞춘 창의・융합 문제와 서술형 문제 구성

필수 개념 확인

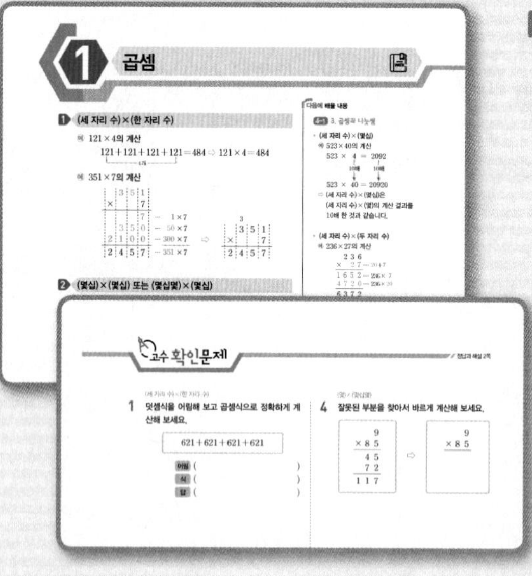

▶ 단원 개념 정리

단원의 필수 개념을 한눈에 파악할 수 있습니다.

▶ 고수 확인문제

단원 대표 문제로 필수 개념을 확인할 수 있습니다.

3단계 집중 학습

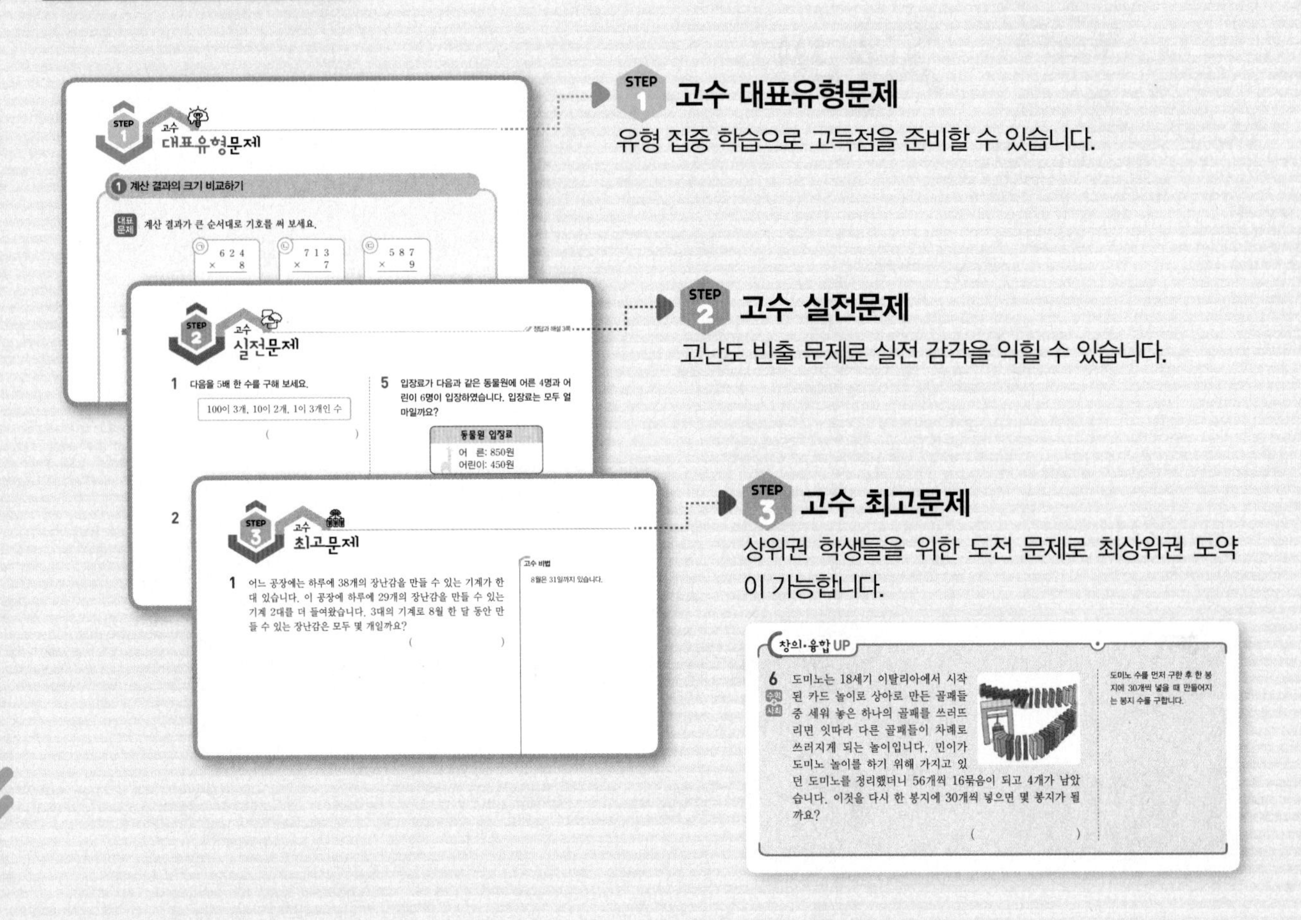

STEP 1 고수 대표유형문제
유형 집중 학습으로 고득점을 준비할 수 있습니다.

STEP 2 고수 실전문제
고난도 빈출 문제로 실전 감각을 익힐 수 있습니다.

STEP 3 고수 최고문제
상위권 학생들을 위한 도전 문제로 최상위권 도약이 가능합니다.

단원 완벽 마무리

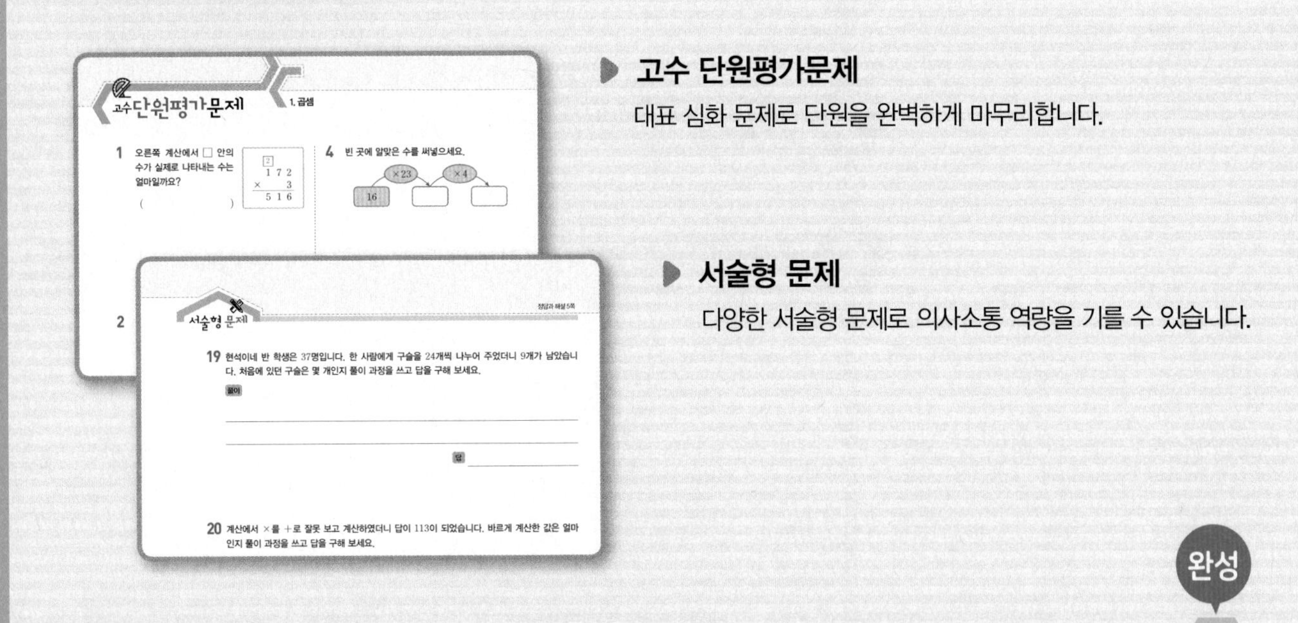

고수 단원평가문제
대표 심화 문제로 단원을 완벽하게 마무리합니다.

서술형 문제
다양한 서술형 문제로 의사소통 역량을 기를 수 있습니다.

완성

차례

1

곱셈

1 곱셈

1 (세 자리 수)×(한 자리 수)

㉮ 121×4의 계산

$121+121+121+121=484$ ⇨ $121\times4=484$

(4개)

㉮ 351×7의 계산

$$\begin{array}{r} 351 \\ \times\quad 7 \\ \hline 7 \\ 350 \\ 2100 \\ \hline 2457 \end{array} \quad \begin{array}{l} \\ \\ \cdots 1\times7 \\ \cdots 50\times7 \\ \cdots 300\times7 \\ \cdots 351\times7 \end{array} \Rightarrow \begin{array}{r} {}^{3}\ \\ 351 \\ \times\quad 7 \\ \hline 2457 \end{array}$$

2 (몇십)×(몇십) 또는 (몇십몇)×(몇십)

㉮ 30×20의 계산

$3\times2=6$

(10배, 10배, 100배)

$30\times20=600$

㉮ 21×40의 계산

$21\times4=84$

(10배, 10배)

$21\times40=840$

3 (몇)×(몇십몇)

㉮ 5×26의 계산

$$\begin{array}{r} 5 \\ \times\ 26 \\ \hline 30 \\ 100 \\ \hline 130 \end{array} \quad \begin{array}{l} \\ \\ \cdots 5\times6 \\ \cdots 5\times20 \\ \cdots 5\times26 \end{array} \Rightarrow \begin{array}{r} {}^{3}\ \\ 5 \\ \times\ 26 \\ \hline 130 \end{array}$$

4 (몇십몇)×(몇십몇)

㉮ 63×27의 계산

$$\begin{array}{r} 63 \\ \times\ 27 \\ \hline 441 \\ 1260 \\ \hline 1701 \end{array} \quad \begin{array}{l} \\ \\ \cdots 63\times7 \\ \cdots 63\times20 \\ \cdots 63\times27 \end{array} \Rightarrow \begin{array}{r} 63 \\ \times\ 27 \\ \hline 441 \\ 1260 \\ \hline 1701 \end{array}$$

다음에 배울 내용

4-1 3. 곱셈과 나눗셈

▸ (세 자리 수)×(몇십)

㉮ 523×40의 계산

$523\times4=2092$

(10배, 10배)

$523\times40=20920$

⇨ (세 자리 수)×(몇십)은 (세 자리 수)×(몇)의 계산 결과를 10배 한 것과 같습니다.

▸ (세 자리 수)×(두 자리 수)

㉮ 236×27의 계산

$$\begin{array}{r} 236 \\ \times\ \ 27 \\ \hline 1652 \\ 4720 \\ \hline 6372 \end{array} \quad \begin{array}{l} \\ \cdots 20+7 \\ \cdots 236\times7 \\ \cdots 236\times20 \\ \\ \end{array}$$

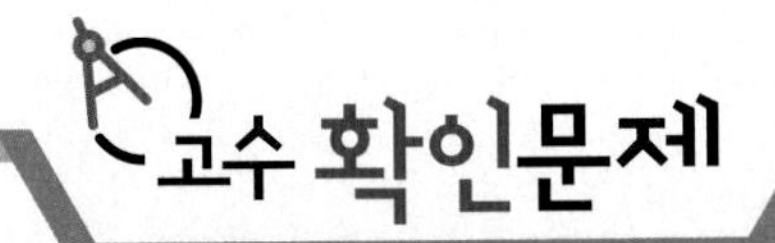

정답과 해설 2쪽

(세 자리 수)×(한 자리 수)

1 덧셈식을 어림해 보고 곱셈식으로 정확하게 계산해 보세요.

$621+621+621+621$

어림 (   )

식 (   )

답 (   )

(몇십)×(몇십)

2 다음 곱셈을 계산할 때 $7\times5=35$의 5는 어느 자리에 써야 하는지 기호를 써 보세요.

$$\begin{array}{r} 7\,0 \\ \times\ 5\,0 \\ \hline ㉠㉡㉢㉣ \end{array}$$

(   )

(몇십몇)×(몇십)

3 관계있는 것끼리 이어 보세요.

19×80 •	• 1230
23×70 •	• 1520
41×30 •	• 1610

(몇)×(몇십몇)

4 잘못된 부분을 찾아서 바르게 계산해 보세요.

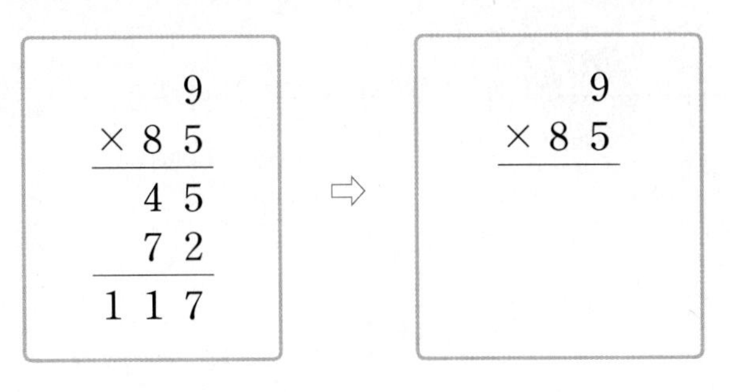

(몇십몇)×(몇십몇)

5 계산 결과를 비교하여 ◯ 안에 >, =, <를 알맞게 써넣으세요.

(1) 27×33 ◯ 49×15

(2) 34×80 ◯ 67×43

(몇십몇)×(몇십몇)

6 꽃 한 송이를 만드는 데 리본이 52 cm 필요합니다. 꽃 26송이를 만들려면 리본이 몇 cm 필요할까요?

(   )

STEP 1

고수 대표유형문제

1 계산 결과의 크기 비교하기

대표문제 계산 결과가 큰 순서대로 기호를 써 보세요.

㉠ $\begin{array}{r} 624 \\ \times \quad 8 \\ \hline \end{array}$ ㉡ $\begin{array}{r} 713 \\ \times \quad 7 \\ \hline \end{array}$ ㉢ $\begin{array}{r} 587 \\ \times \quad 9 \\ \hline \end{array}$

( )

| 풀이 |

[1단계] 각각의 곱 구하기	㉠ $624 \times 8 = \square$, ㉡ $713 \times 7 = \square$, ㉢ $587 \times 9 = \square$
[2단계] 계산 결과의 크기 비교하기	계산 결과의 크기를 비교해 보면 $\square > \square > \square$입니다.
[3단계] 순서대로 기호 쓰기	계산 결과가 큰 순서대로 기호를 써 보면 $\square$, $\square$, $\square$입니다.

유제 1 계산 결과가 작은 순서대로 기호를 써 보세요.

㉠ 56×37 ㉡ 24×68 ㉢ 41×42 ㉣ 97×19

( )

유제 2 대화를 읽고 계산 결과가 큰 순서대로 이름을 써 보세요.

( )

2 곱셈을 이용하여 문제 해결하기

대표문제 한 판에 20개씩 들어 있는 달걀이 60판, 한 판에 30개씩 들어 있는 달걀이 50판 쌓여 있습니다. 달걀은 모두 몇 개일까요?

( )

| 풀이 |

[1단계] 한 판에 20개씩 들어 있는 달걀의 수 구하기	한 판에 20개씩 들어 있는 달걀이 60판이므로 $20 \times \square = \square$(개)입니다.
[2단계] 한 판에 30개씩 들어 있는 달걀의 수 구하기	한 판에 30개씩 들어 있는 달걀이 50판이므로 $30 \times \square = \square$(개)입니다.
[3단계] 전체 달걀의 수 구하기	달걀은 모두 $\square + \square = \square$(개)입니다.

유제 3 한 자루에 18개씩 담긴 무가 20자루 있습니다. 이 무를 다시 한 자루에 15개씩 담아서 19자루를 팔았습니다. 팔고 남은 무는 몇 개일까요?

( )

유제 4 일주일 동안 줄넘기를 나영이는 매일 250번씩, 준우는 매일 550번씩 합니다. 나영이와 준우가 일주일 동안 줄넘기를 한 횟수는 모두 몇 번일까요?

( )

3 바르게 계산한 값 구하기

대표문제 어떤 수에 25를 곱해야 할 것을 잘못하여 더했더니 71이 되었습니다. 바르게 계산한 값을 구해 보세요.

(　　　　　　　)

| 풀이 |

[1단계] 어떤 수 구하기	어떤 수를 ■라 하여 잘못 계산한 식을 세우면 ■+□=71이므로 ■=□−□=□입니다.
[2단계] 바르게 계산한 값 구하기	바르게 계산하면 □×25=□입니다.

유제 5 어떤 수에 40을 더해야 할 것을 잘못하여 곱했더니 2400이 되었습니다. 바르게 계산한 값을 구해 보세요.

(　　　　　　　)

유제 6 어떤 수에 18을 곱해야 할 것을 잘못하여 나누었더니 5가 되었습니다. 바르게 계산한 값을 구해 보세요.

(　　　　　　　)

4 모르는 수 구하기

대표문제 오른쪽과 같이 계산한 종이에 잉크가 묻어 일부분이 보이지 않습니다. ㉠, ㉡, ㉢, ㉣에 알맞은 수를 각각 구해 보세요.

	㉠	7
×	5	㉡
2	9	6
1 8	㉢	0
2 ㉣	4	6

㉠ (　　　), ㉡ (　　　), ㉢ (　　　), ㉣ (　　　)

| 풀이 |

단계	풀이
[1단계] ㉡에 알맞은 수 구하기	㉠7×㉡=296에서 7과 ㉡의 곱의 일의 자리 수가 6이므로 ㉡=□입니다.
[2단계] ㉠에 알맞은 수 구하기	㉠7×□=296이므로 ㉠=□입니다.
[3단계] ㉢에 알맞은 수 구하기	㉠7×50=18㉢0에서 □7×50=□이므로 ㉢=□입니다.
[4단계] ㉣에 알맞은 수 구하기	296+□=2㉣46이므로 ㉣=□입니다.

유제 7 □ 안에 알맞은 수를 써넣으세요.

	□	6
×	6	□
1	8	0
2 □	6	0
2 □	□	0

유제 8 오른쪽 계산에서 ㉠+㉡+㉢+㉣의 값을 구해 보세요.

	8	㉠
×	㉡	3
㉢	5	8
1 ㉣	2	0
1 9	7	8

(　　　　　　)

5 □ 안에 들어갈 수 있는 수 구하기

대표문제 1부터 9까지의 수 중에서 ■에 들어갈 수 있는 수를 모두 구해 보세요.

$$472 \times ■ < 30 \times 60$$

(　　　　　　　　)

| 풀이 |

[1단계] 30×60을 계산하기	30×60=□입니다.
[2단계] 472에 어떤 수를 곱했을 때 30×60의 곱보다 작아지는지 알아보기	472×3=□, 472×4=□이므로 472×■<□에서 ■에는 □보다 작은 수가 들어가야 합니다.
[3단계] ■에 들어갈 수 있는 수 구하기	■에 들어갈 수 있는 수는 □, □, □입니다.

유제 9 1부터 9까지의 수 중에서 □ 안에 들어갈 수 있는 수는 모두 몇 개인지 구해 보세요.

$$648 \times □ > 40 \times 80$$

(　　　　　　　　)

Up **유제 10** □ 안에 들어갈 수 있는 가장 작은 수를 구해 보세요.

$$396 \times 7 < □ \times 50$$

(　　　　　　　　)

6 수 카드로 곱셈식 만들기

대표문제 수 카드 4장을 한 번씩만 사용하여 계산 결과가 가장 큰 (세 자리 수)×(한 자리 수)의 곱셈식을 만들고 계산해 보세요.

2 8 4 6

□□□×□=□

| 풀이 |

[1단계] 한 자리 수 알아보기	(세 자리 수)×(한 자리 수)의 계산 결과가 가장 크려면 한 자리 수에 가장 (큰 , 작은) 수인 □을/를 놓아야 합니다.
[2단계] 세 자리 수 알아보기	나머지 수 카드 □, □, □(으)로 가장 큰 세 자리 수를 만들면 □입니다.
[3단계] 곱셈식을 만들어 계산하기	계산 결과가 가장 큰 곱셈식은 □×□=□입니다.

유제 11 수 카드 3장을 한 번씩만 사용하여 계산 결과가 가장 큰 (한 자리 수)×(두 자리 수)의 곱셈식을 만들고 계산해 보세요.

1 7 9

□×□□=□

유제 12 수 카드 4장을 한 번씩만 사용하여 계산 결과가 가장 큰 (두 자리 수)×(두 자리 수)의 곱셈식을 만들고 계산해 보세요.

7 8 3 5

□□×□□=□

7 이어 붙인 색 테이프 전체의 길이 구하기

대표문제 승민이는 그림과 같이 길이가 214 cm인 색 테이프 3장을 12 cm씩 겹쳐지게 하여 한 줄로 이어 붙였습니다. 이어 붙인 색 테이프 전체의 길이는 몇 cm일까요?

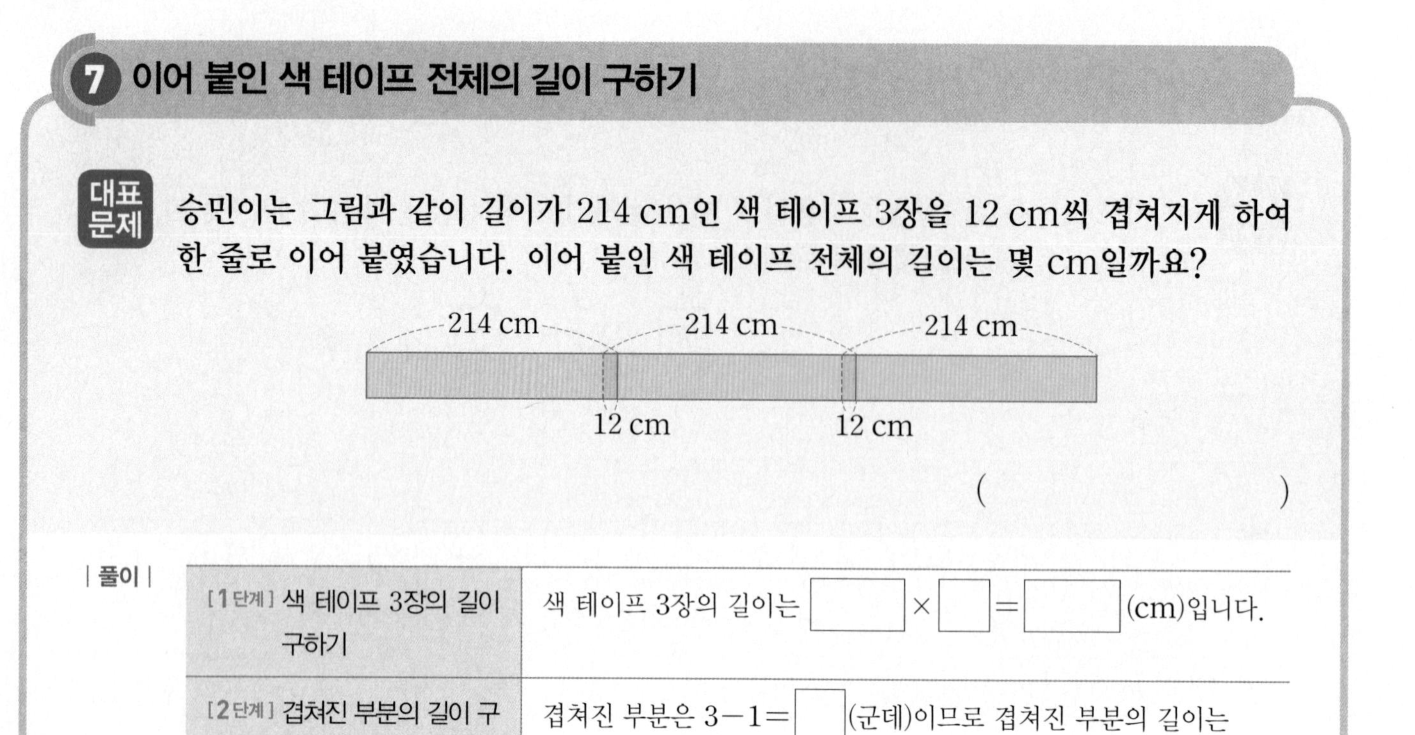

(　　　　　　　　)

| 풀이 |

단계	풀이
[1단계] 색 테이프 3장의 길이 구하기	색 테이프 3장의 길이는 □ × □ = □ (cm)입니다.
[2단계] 겹쳐진 부분의 길이 구하기	겹쳐진 부분은 3 − 1 = □ (군데)이므로 겹쳐진 부분의 길이는 12 × □ = □ (cm)입니다.
[3단계] 이어 붙인 색 테이프 전체의 길이 구하기	이어 붙인 색 테이프 전체의 길이는 (색 테이프 3장의 길이) − (겹쳐진 부분의 길이) = □ − □ = □ (cm)입니다.

유제 13 그림과 같이 길이가 48 cm인 색 테이프 50장을 5 cm씩 겹쳐지게 하여 한 줄로 이어 붙였습니다. 이어 붙인 색 테이프 전체의 길이는 몇 cm일까요?

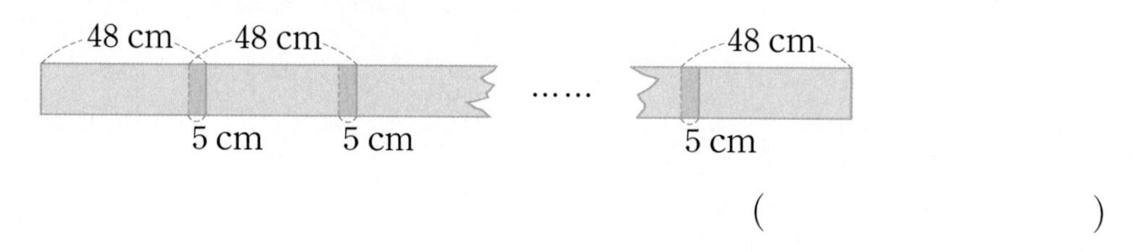

(　　　　　　　　)

유제 14 길이가 64 cm인 종이 테이프 22장을 9 cm씩 겹쳐지게 하여 한 줄로 이어 붙였습니다. 이어 붙인 종이 테이프 전체의 길이는 몇 cm일까요?

(　　　　　　　　)

1 다음을 5배 한 수를 구해 보세요.

100이 3개, 10이 2개, 1이 3개인 수

( )

2 그림과 같은 정사각형의 네 변의 길이의 합은 몇 cm일까요?

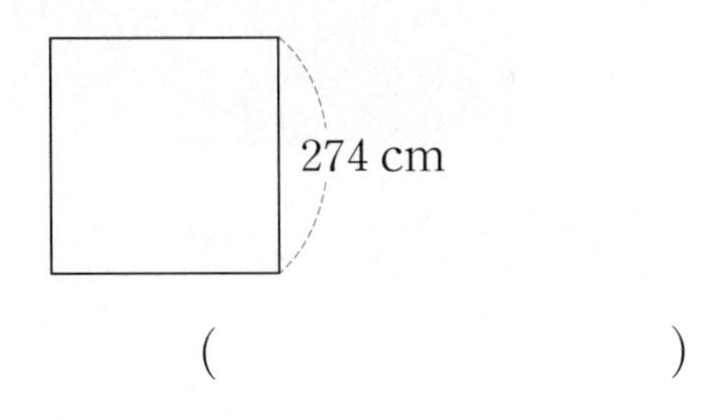

( )

3 두 자리 수 중에서 가장 큰 수와 가장 작은 수의 곱을 구해 보세요.

( )

4 □ 안에 알맞은 수를 써넣으세요.

$32 \times 75 = \square \times 30$

5 입장료가 다음과 같은 동물원에 어른 4명과 어린이 6명이 입장하였습니다. 입장료는 모두 얼마일까요?

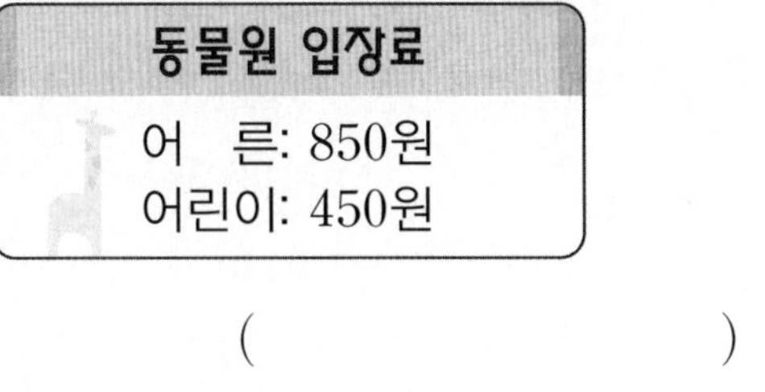

동물원 입장료
어　른: 850원
어린이: 450원

( )

6 우리나라 주요 도시 사이의 거리를 나타낸 지도입니다. 어떤 트럭이 화물을 싣고 서울에서 대전을 거쳐 부산까지 2번 왕복했다면 모두 몇 km를 이동한 것일까요?

왕복: 갔다가 돌아옴.

( )

7 식품을 먹었을 때 몸속에서 발생하는 에너지의 양을 '열량'이라고 합니다. 식품별 열량이 다음과 같을 때 하율이네 가족이 먹은 간식의 열량은 몇 킬로칼로리일까요?

간식 1개	열량 (킬로칼로리)	간식 1개	열량 (킬로칼로리)
삶은 밤	16	대추	50
삶은 고구마	154	곶감	110
삶은 감자	80	땅콩	10

하율이네 가족이 먹은 간식
삶은 고구마 5개 땅콩 70개

( )

8 문구점에서 파는 학용품 하나의 가격입니다. 수정이가 지우개 4개와 도화지 20장을 사고 4000원을 냈습니다. 거스름돈으로 얼마를 받아야 할까요?

학용품	연필	지우개	풀	도화지
가격(원)	900	450	600	90

( )

9 규량이네 학교의 3학년 학생들을 운동장에 한 줄로 세우려고 합니다. 한 줄에 25명씩 14줄로 세우려면 8명이 모자랍니다. 규량이네 학교의 3학년 학생은 모두 몇 명일까요?

( )

10 대화를 읽고 곶감은 모두 몇 개인지 구해 보세요.

( )

11 운동회 날 예준이네 학교 전체 학생들에게 한 자루씩 나누어 주려고 연필을 78타 샀습니다. 예준이네 학교의 전체 학생이 920명이라면 나누어 주고 남은 연필은 몇 자루일까요?

( )

중요

12 □ 안에 들어갈 수 있는 수를 모두 구해 보세요.

$800 < 67 \times \square < 900$

( )

13 보기 와 같은 규칙으로 계산해 보세요.

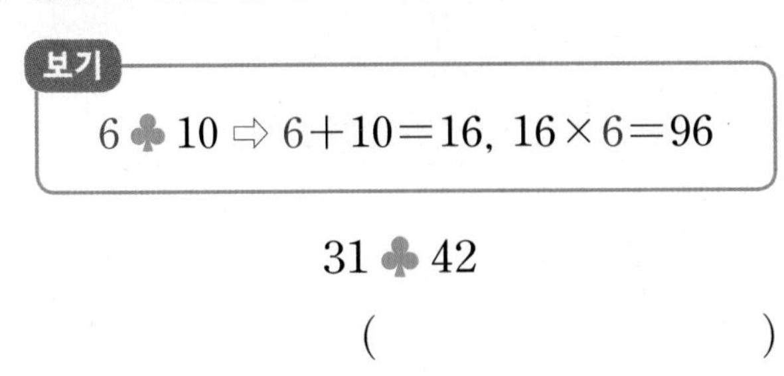

31 ♣ 42

(   )

14 서준이는 6월 한 달 동안 책을 900쪽 읽으려고 합니다. 1일부터 20일까지 하루에 35쪽씩 읽었다면 남은 기간 동안 하루에 몇 쪽씩 읽어야 할까요?

(   )

15 다음 계산에서 같은 모양은 같은 수를 나타냅니다. ★+♥를 구해 보세요.

(   )

◎ 수 카드 5장 중에서 4장을 사용하여 곱셈식을 만드는 놀이를 하고 있습니다. 물음에 답하세요. (16~17)

9   3 

중요

16 지영이는 계산 결과가 가장 큰 (세 자리 수)×(한 자리 수)의 곱셈식을 만들었습니다. 지영이가 만든 곱셈식을 써 보세요.

$\square\square\square \times \square = \square$

17 태우는 계산 결과가 가장 작은 (세 자리 수)×(한 자리 수)의 곱셈식을 만들었습니다. 태우가 만든 곱셈식을 써 보세요.

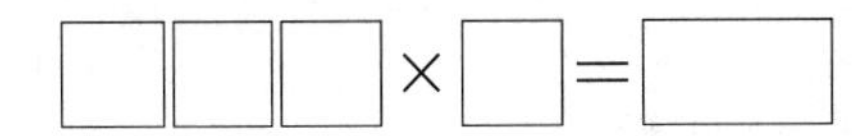

18 산책로 양쪽에 처음부터 끝까지 5 m 간격으로 나무를 심으려고 합니다. 나무가 모두 528그루 필요하다면 산책로의 길이는 몇 m일까요? (단, 나무의 두께는 생각하지 않습니다.)

(   )

STEP 3 고수

최고문제

1 어느 공장에는 하루에 38개의 장난감을 만들 수 있는 기계가 한 대 있습니다. 이 공장에 하루에 29개의 장난감을 만들 수 있는 기계 2대를 더 들여왔습니다. 3대의 기계로 8월 한 달 동안 만들 수 있는 장난감은 모두 몇 개일까요?

( )

고수 비법

8월은 31일까지 있습니다.

2 길이가 50 cm인 색 테이프 41장을 일정한 길이만큼씩 겹쳐지게 하여 한 줄로 길게 이어 붙였더니 이어 붙인 색 테이프 전체의 길이가 1650 cm가 되었습니다. 겹쳐진 부분의 길이는 몇 cm씩일까요?

( )

(겹쳐진 부분의 수)
=(색 테이프 장수)−1

3 길이가 106 m인 기차가 1초에 38 m를 가는 빠르기로 달리고 있습니다. 이 기차가 같은 빠르기로 터널을 완전히 통과하는 데 1분 32초가 걸렸다면 터널의 길이는 몇 m일까요?

( )

기차가 1분 32초 동안 달렸을 때 움직인 거리는 기차의 길이와 터널의 길이의 합과 같습니다.

경시 문제 맛보기

4 어떤 세 자리 수의 백의 자리 수와 일의 자리 수를 바꾸어 9를 곱했더니 5742가 되었습니다. 처음 세 자리 수는 얼마일까요?

( )

고수 비법

바뀐 세 자리 수를 ㉠㉡㉢이라 하면 ㉠㉡㉢ $\times 9 = 5742$입니다.

경시 문제 맛보기

5 오른쪽 계산에서 같은 모양은 같은 수를 나타내고, ■와 ▲는 서로 다른 수입니다. ■와 ▲에 알맞은 수를 각각 구해 보세요.

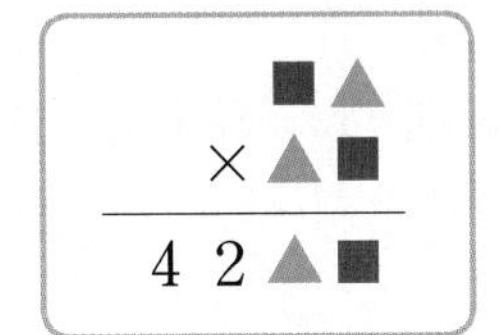

■ ( ), ▲ ( )

▲×■의 일의 자리 수가 ■가 되는 경우를 모두 생각해 봅니다.

창의·융합 UP

6 수학+사회

도미노는 18세기 이탈리아에서 시작된 카드 놀이로 상아로 만든 골패들 중 세워 놓은 하나의 골패를 쓰러뜨리면 잇따라 다른 골패들이 차례로 쓰러지게 되는 놀이입니다. 민이가 도미노 놀이를 하기 위해 가지고 있던 도미노를 정리했더니 56개씩 16묶음이 되고 4개가 남았습니다. 이것을 다시 한 봉지에 30개씩 넣으면 몇 봉지가 될까요?

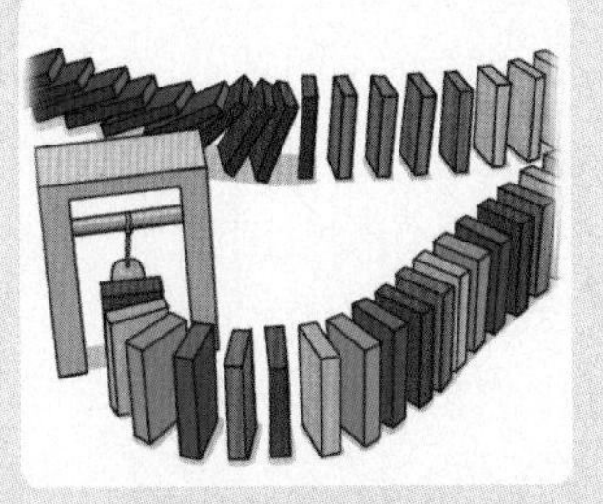

( )

도미노 수를 먼저 구한 후 한 봉지에 30개씩 넣을 때 만들어지는 봉지 수를 구합니다.

1 오른쪽 계산에서 □ 안의 수가 실제로 나타내는 수는 얼마일까요?

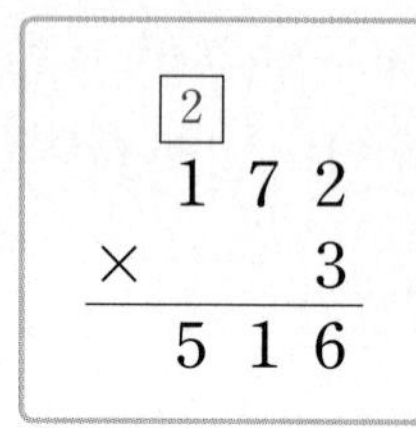

( )

4 빈 곳에 알맞은 수를 써넣으세요.

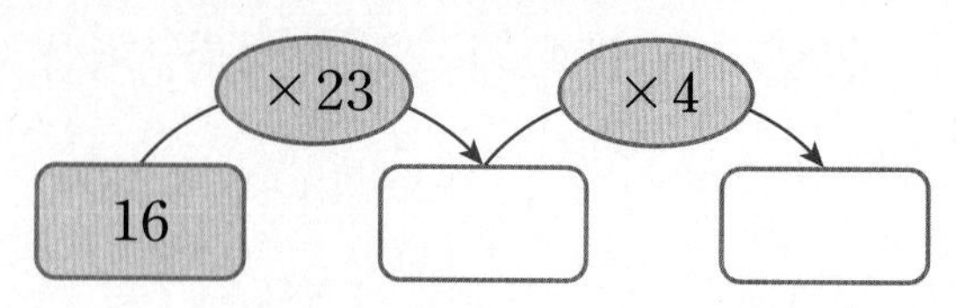

2 잘못된 부분을 찾아서 바르게 계산해 보세요.

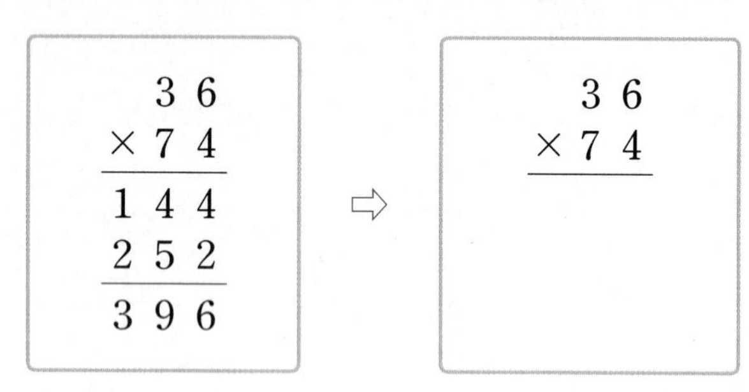

5 계산 결과가 다른 것을 찾아 기호를 써 보세요.

㉠ 30×40	㉡ 60×20
㉢ 15×80	㉣ 26×50

( )

3 두 곱의 차를 구해 보세요.

6×14 4×28

( )

중요 **6** 가장 큰 수와 가장 작은 수의 곱은 얼마일까요?

19 24 63 31

( )

중요

7 □ 안에 알맞은 수를 써넣으세요.

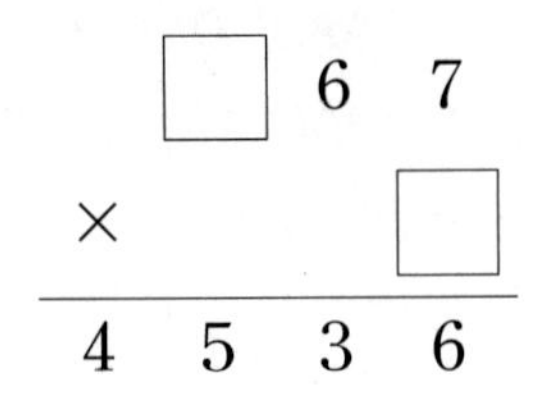

8 수현이는 마트에서 한 개에 580원 하는 초콜릿을 4개 사고 3000원을 냈습니다. 거스름돈으로 얼마를 받아야 할까요?

(   )

9 시현이의 일기를 읽고 시현이는 내일 윗몸일으키기를 적어도 몇 번 해야 하는지 구해 보세요.

2018년 6월 29일 날씨: 맑음

제목: 윗몸일으키기

올해 들어 꾸준히 운동을 하겠다고 마음 먹었는데 벌써 반 년이 다 가고 있다. 6월 한 달 동안은 윗몸일으키기를 1000번 하는 것이 목표이다. 오늘까지는 매일 34번씩 빠지지 않고 하였다. 내일 ○번을 하면 드디어 목표 달성! 기분이 정말 좋다.

(   )

창의·융합 수학+과학

10 과학 시간에 물에 녹는 물질의 성질을 알아보기 위해 다음과 같이 실험 재료를 준비했습니다. 설탕과 소금 중 어느 것이 몇 g 더 많을까요?

재료	한 봉지의 무게	봉지 수
설탕	15 g	76봉지
소금	18 g	65봉지

(   ), (   )

11 그림과 같은 상자에 40을 넣었더니 3200이 나왔습니다. 이 상자에 59를 넣으면 얼마가 나올까요?

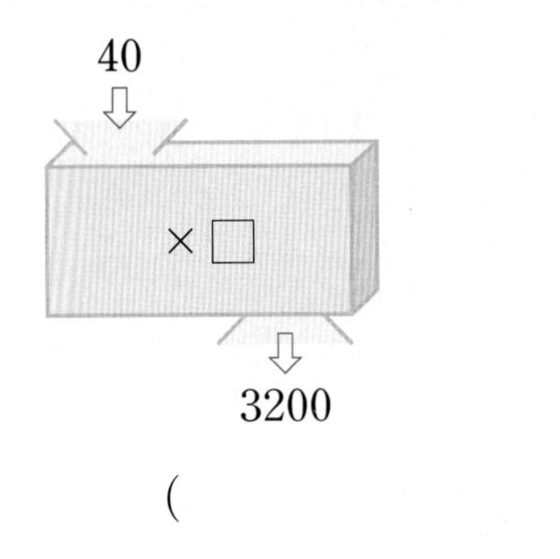

(   )

중요

12 □ 안에 들어갈 수 있는 가장 작은 수를 구해 보세요.

$862 \times \square > 6000$

(   )

중요

13 수 카드 4장을 한 번씩만 사용하여 두 자리 수를 만들 때 가장 큰 두 자리 수와 가장 작은 두 자리 수의 곱은 얼마일까요?

2 3 6 9

( )

14 도로의 한쪽에 처음부터 끝까지 18 m 간격으로 가로등을 세우려고 합니다. 가로등이 43개 필요하다면 도로의 길이는 몇 m일까요? (단, 가로등의 두께는 생각하지 않습니다.)

( )

15 ㉠★㉡의 계산을 다음과 같이 약속하였습니다. 이와 같은 방법으로 163★95를 계산해 보세요.

㉠－㉡＝㉢일 때 ㉠★㉡＝㉢×㉡

( )

16 그림과 같이 길이가 45 cm인 색 테이프 13장을 6 cm씩 겹쳐지게 하여 한 줄로 길게 이어 붙였습니다. 이어 붙인 색 테이프 전체의 길이는 몇 cm일까요?

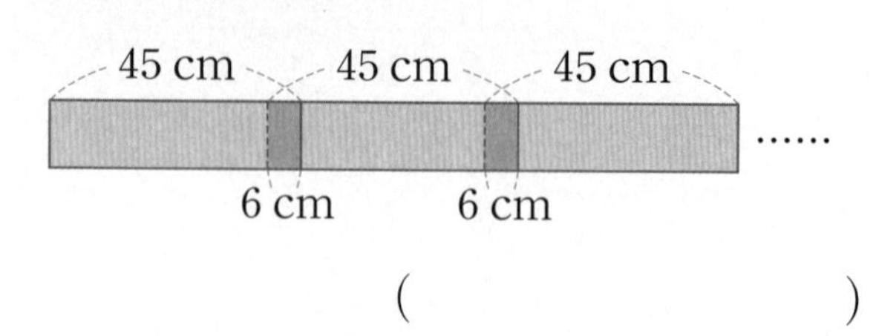

( )

17 한 시간이 지나면 2배가 되는 세균이 있습니다. 처음에 2마리가 있었다면 8시간 후에는 몇 마리가 될까요?

( )

18 한 자리 수와 두 자리 수가 있습니다. 이 두 수의 합은 32이고 곱은 135입니다. 이 두 수는 각각 얼마일까요?

( ), ( )

19 현석이네 반 학생은 37명입니다. 한 사람에게 구슬을 24개씩 나누어 주었더니 9개가 남았습니다. 처음에 있던 구슬은 몇 개인지 풀이 과정을 쓰고 답을 구해 보세요.

풀이

답

20 계산에서 ×를 +로 잘못 보고 계산하였더니 답이 113이 되었습니다. 바르게 계산한 값은 얼마인지 풀이 과정을 쓰고 답을 구해 보세요.

$75 \times \square$

풀이

답

21 진선이는 1분에 52걸음, 소영이는 1분에 63걸음을 걷습니다. 같은 빠르기로 두 사람이 쉬지 않고 1시간 14분 동안 걷는다면 누가 몇 걸음 더 많이 걷는지 풀이 과정을 쓰고 답을 구해 보세요.

풀이

답 ______, ______

22 승기는 미술 시간에 도형 모빌을 만들기 위해 50 m의 철사로 다음과 같이 도형을 만들었습니다. 도형을 만들고 남은 철사는 몇 cm인지 풀이 과정을 쓰고 답을 구해 보세요.

- 한 변이 215 cm이고 세 변의 길이가 같은 삼각형 4개
- 한 변이 174 cm이고 네 변의 길이가 같은 사각형 3개

풀이

답

23 미영이가 동화책을 펼쳐서 나온 두 면의 쪽수를 곱했더니 2970이 되었습니다. 미영이가 펼친 두 면의 쪽수의 합은 얼마인지 풀이 과정을 쓰고 답을 구해 보세요.

풀이

답

2

나눗셈

2 나눗셈

1 (몇십)÷(몇)

㉠ 60÷5의 계산

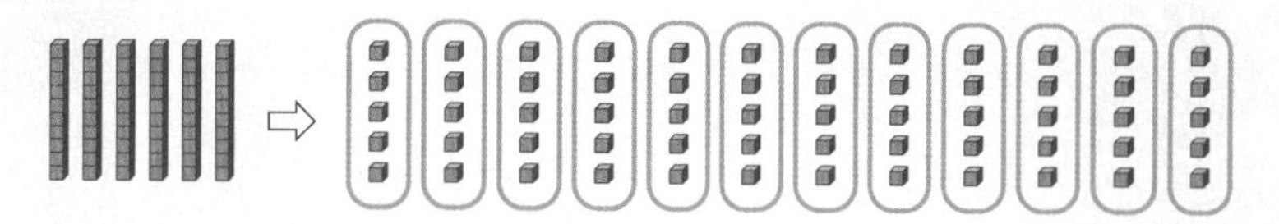

십 모형 6개를 일 모형 60개로 바꾸어 5개씩 묶으면 12묶음이 됩니다.

⇨ 60÷5=12

2 (몇십몇)÷(몇)

14를 4로 나누면 몫은 3이고 2가 남습니다.

이때 2를 14÷4의 나머지라고 합니다.

14÷4=3 ··· 2

```
나누는 수
↓       3  ← 몫
4 ) 1 4  ← 나누어지는 수
    1 2
      2  ← 나머지
```

나머지가 없으면 나머지가 0이라고 말할 수 있습니다.
나머지가 0일 때, 나누어떨어진다고 합니다.

3 (세 자리 수)÷(한 자리 수)

㉠ 205÷2의 계산

```
    1               1 0               1 0 2
2 ) 2 0 5   ⇨   2 ) 2 0 5   ⇨   2 ) 2 0 5
    2               2               2
    0                 0                 5
                                        4
                                        1
```

백, 십, 일의 자리 순서로 몫을 구합니다.

4 계산이 맞는지 확인하기

23 ÷ 4 = 5 ··· 3

↓ ↓ ↓ ↓

4 × 5 + 3=23

4×5=20 ⇨ 20+3=23

나누는 수와 몫의 곱에 나머지를 더하면 나누어지는 수가 되어야 합니다.

다음에 배울 내용

4-1 3. 곱셈과 나눗셈

▸ (세 자리 수)÷(몇십)

㉠ 160÷20의 계산

```
        8
20 ) 1 6 0
     1 6 0 ← 20×8
         0
```

▸ (두 자리 수)÷(두 자리 수)

㉠ 72÷16의 계산

```
       4
16 ) 7 2
     6 4 ← 16×4
       8
```

⇨ 72÷16=4 ··· 8

▸ (세 자리 수)÷(두 자리 수)

㉠ 217÷17의 계산

```
       1 2
17 ) 2 1 7
     1 7 0 ← 17×10
       4 7
       3 4 ← 17× 2
       1 3
```

⇨ 217÷17=12 ··· 13

정답과 해설 7쪽

(몇십)÷(몇)

1 □ 안에 알맞은 수를 써넣으세요.

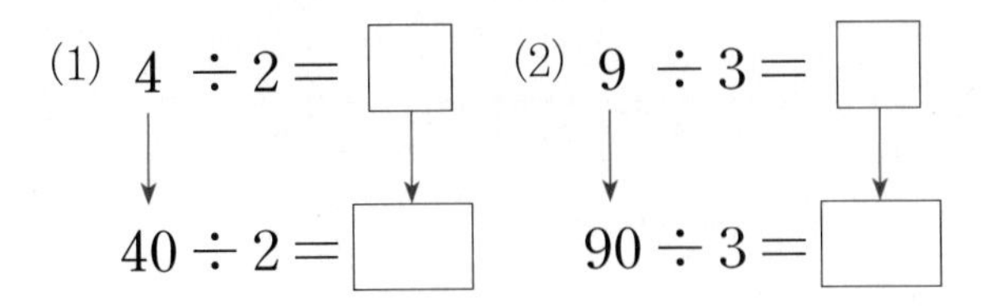

(몇십)÷(몇)

2 큰 수를 작은 수로 나눈 몫을 빈칸에 써넣으세요.

5	80

(몇십몇)÷(몇)

3 잘못 계산한 부분을 찾아 바르게 계산해 보세요.

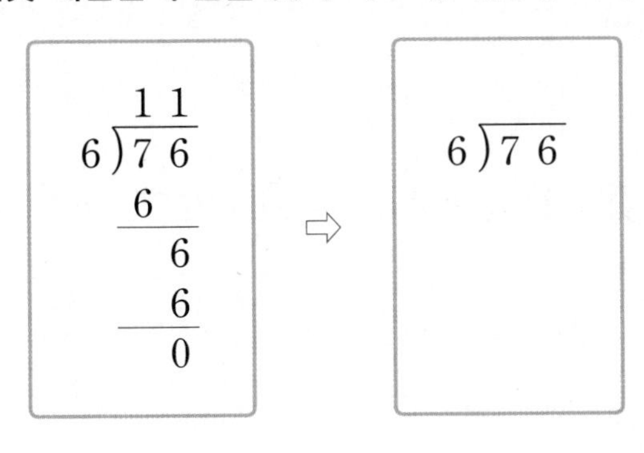

(몇십몇)÷(몇)

4 몫이 14보다 큰 것을 찾아 기호를 써 보세요.

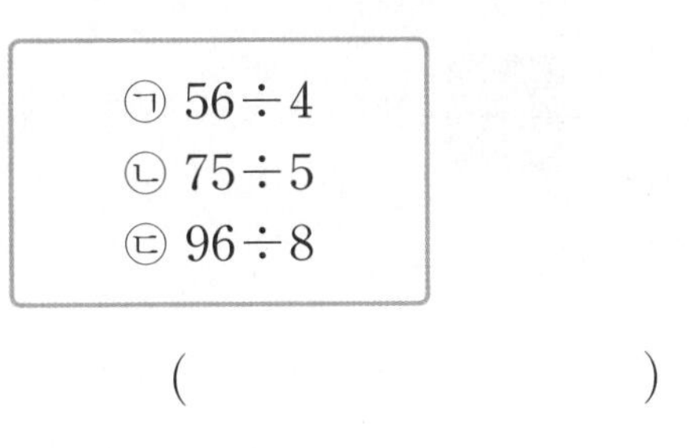

( )

(세 자리 수)÷(한 자리 수)

5 구슬 184개를 한 명에게 4개씩 나누어 주려고 합니다. 구슬을 몇 명에게 나누어 줄 수 있을까요?

( )

계산이 맞는지 확인하기

6 계산을 하고 계산 결과가 맞는지 확인한 식이 보기와 같습니다. 계산한 나눗셈식을 쓰고 몫과 나머지를 구해 보세요.

보기

$3 \times 18 = 54$ ⇨ $54 + 1 = 55$

식 ____________________

몫 __________ 나머지 __________

STEP 1

고수 **대표유형문제**

1 나머지가 될 수 있는 수 구하기

대표문제 보기 의 수 중에서 ■÷6의 나머지가 될 수 있는 수를 모두 찾아 써 보세요.

보기

3 4 5 6 7 8

( )

| 풀이 |

[1단계] 6으로 나누었을 때 나머지의 범위 구하기	어떤 수를 □으로 나누면 나머지는 □보다 작아야 합니다.
[2단계] 나머지가 될 수 있는 수 찾기	보기 의 수 중에서 □보다 작은 수는 □, □, □입니다.

유제 1 보기 의 수 중에서 □÷3의 나머지가 될 수 없는 수는 모두 몇 개일까요?

보기

1 2 3 4 5 6

( )

Up

유제 2 다음 나눗셈에서 나올 수 있는 나머지 중 가장 큰 수는 5입니다. ★에 알맞은 한 자리 수는 얼마일까요?

□÷★

( )

2 수의 크기를 비교하여 나눗셈하기

대표 문제 가장 큰 수를 가장 작은 수로 나눈 몫과 나머지를 각각 구해 보세요.

40 7 58 92 9

몫 ______ 나머지 ______

| 풀이 |

[1단계] 수의 크기 비교하기	수의 크기를 비교하면 ☐ > ☐ > ☐ > ☐ > ☐ 이므로 가장 큰 수는 ☐ 이고 가장 작은 수는 ☐ 입니다.
[2단계] 가장 큰 수를 가장 작은 수로 나누기	(가장 큰 수) ÷ (가장 작은 수)는 ☐ ÷ ☐ = ☐ … ☐ 입니다.
[3단계] 몫과 나머지 구하기	몫은 ☐ 이고 나머지는 ☐ 입니다.

유제 3 백의 자리 수가 8인 세 자리 수 중에서 가장 큰 수를 5로 나눈 몫과 나머지를 각각 구해 보세요.

몫 ______ 나머지 ______

Up 유제 4 가장 작은 세 자리 수를 가장 큰 한 자리 수로 나눈 몫과 나머지의 차를 구해 보세요.

(　　　　　　)

3 나눗셈을 이용하여 문제 해결하기

대표문제 골프공이 60개, 탁구공이 88개 있습니다. 골프공은 한 상자에 2개씩, 탁구공은 한 상자에 4개씩 넣어 포장하려고 합니다. 상자는 모두 몇 개 필요할까요?

( )

| 풀이 |

[1단계] 골프공을 포장하는 데 필요한 상자 수 구하기	필요한 상자는 (골프공 수)÷(한 상자에 담는 골프공 수)이므로 □÷□=□(개)입니다.
[2단계] 탁구공을 포장하는 데 필요한 상자 수 구하기	필요한 상자는 (탁구공 수)÷(한 상자에 담는 탁구공 수)이므로 □÷□=□(개)입니다.
[3단계] 필요한 전체 상자의 수 구하기	따라서 필요한 상자는 모두 □+□=□(개)입니다.

유제 5 원 모양 딱지는 3장에 120원, 별 모양 딱지는 5장에 150원입니다. 딱지 한 장의 값은 어느 딱지가 얼마나 더 비쌀까요?

( ), ( )

유제 6 두께가 같은 동화책이 145권, 위인전이 224권 있습니다. 이것을 모두 3단 책장에 똑같이 나누어 꽂으려고 합니다. 책장 한 단에 몇 권씩 꽂아야 할까요?

( )

4 바르게 계산한 몫과 나머지 구하기

대표 문제 어떤 수를 6으로 나누어야 할 것을 잘못하여 2로 나누었더니 73으로 나누어떨어졌습니다. 바르게 계산하면 몫과 나머지는 각각 얼마일까요?

몫 ______ 나머지 ______

| 풀이 |

[1단계] 어떤 수 구하기	어떤 수를 ■라 하여 잘못 계산한 식을 세우면 ■÷☐=73이므로 ■=73×☐, ■=☐입니다. 따라서 어떤 수는 ☐입니다.
[2단계] 바르게 계산한 몫과 나머지 구하기	바르게 계산하면 ☐÷6=☐···☐이므로 몫은 ☐, 나머지는 ☐입니다.

유제 7 82를 어떤 수로 나누어야 할 것을 잘못하여 더했더니 90이 되었습니다. 바르게 계산하면 몫과 나머지는 각각 얼마일까요?

몫 ______ 나머지 ______

유제 8 어떤 수를 4로 나누어야 할 것을 잘못하여 곱했더니 508이 되었습니다. 바르게 계산하면 몫과 나머지는 각각 얼마일까요?

몫 ______ 나머지 ______

5 수 카드로 나눗셈식 만들기

대표문제 수 카드를 한 번씩만 사용하여 몫이 가장 큰 (두 자리 수)÷(한 자리 수)의 나눗셈식을 만들어 몫과 나머지를 각각 구해 보세요.

3 8 5

몫 ______ 나머지 ______

| 풀이 |

[1단계] 몫이 가장 클 때의 나누어지는 수와 나누는 수 구하기	몫이 가장 크려면 가장 큰 수를 가장 작은 수로 나누어야 합니다. ⇨ 나누어지는 수는 가장 큰 두 자리 수인 ☐, 나누는 수는 가장 작은 한 자리 수인 ☐입니다.
[2단계] 나눗셈식을 만들어 몫과 나머지 구하기	몫이 가장 큰 나눗셈식은 ☐÷☐=☐…☐이므로 몫은 ☐, 나머지는 ☐입니다.

유제 9 수 카드를 한 번씩만 사용하여 몫이 가장 작은 (세 자리 수)÷(한 자리 수)의 나눗셈식을 만들고 계산해 보세요.

4 9 7 2

☐☐☐÷☐=☐…☐

유제 10 수 카드를 한 번씩만 사용하여 나누어떨어지면서 몫이 가장 크게 되게 (두 자리 수)÷(한 자리 수)의 나눗셈식을 만들어 몫을 구해 보세요.

6 4 8

(　　　　　　)

6 조건을 만족하는 수 구하기

대표문제 조건을 모두 만족하는 수를 구해 보세요.

- 80보다 크고 90보다 작은 수입니다.
- 7로 나누어떨어집니다.

(　　　　　　　　　)

| 풀이 |

[1단계] 7로 나누어떨어지는 수들의 특징 알아보기	$63 \div 7 = \square$, $70 \div 7 = \square$, $77 \div 7 = \square$ 이므로 7로 나누어떨어지는 수는 $\square$ 만큼씩 차이가 납니다. 따라서 7로 나누어떨어지는 수들은 77, $\square$, $\square$, $\square$ 입니다. (+7, +7, +7)
[2단계] 두 조건에 맞는 수 구하기	80보다 크고 90보다 작은 수 중에서 7로 나누어떨어지는 수는 $\square$ 입니다.

유제 11 조건을 만족하는 수는 모두 몇 개일까요?

- 50과 80 사이의 수입니다.
- 5로 나누었을 때 나머지가 4입니다.

(　　　　　　　　　)

Up **유제 12** 75보다 크고 83보다 작은 수 중에서 2로도 나누어떨어지고 3으로도 나누어떨어지는 수를 구해 보세요.

(　　　　　　　　　)

7 □ 안에 들어갈 수 있는 수 구하기

대표문제 다음 나눗셈에서 나머지가 가장 클 때, 0부터 9까지의 수 중에서 ■에 들어갈 수 있는 수를 모두 구해 보세요.

$4\overline{)7■}$

(　　　　　　　　)

| 풀이 |

단계	풀이
[1단계] 나머지 중 가장 큰 수 구하기	4로 나누었을 때 나올 수 있는 나머지 중 가장 큰 수는 □입니다.
[2단계] 계산 결과가 맞는지 확인하는 식을 이용하여 나누어지는 수 구하기	나눗셈의 몫을 ★이라 하고, 계산 결과가 맞는지 확인하는 식을 이용하면 4(나누는 수)×★(몫)+□(나머지)=7■입니다. • ★=20 → 4×20+□=□ • ★=19 → 4×19+□=□ • ★=18 → 4×18+□=□ • ★=17 → 4×17+□=□
[3단계] ■에 들어갈 수 있는 수 구하기	따라서 ■에 들어갈 수 있는 수는 □, □, □입니다.

유제 13 다음 나눗셈의 나머지가 1일 때, 0부터 9까지의 수 중에서 □ 안에 들어갈 수 있는 수를 구해 보세요.

8□÷6

(　　　　　　　　)

정답과 해설 8쪽

1 빈칸에 알맞은 수를 써넣으세요.

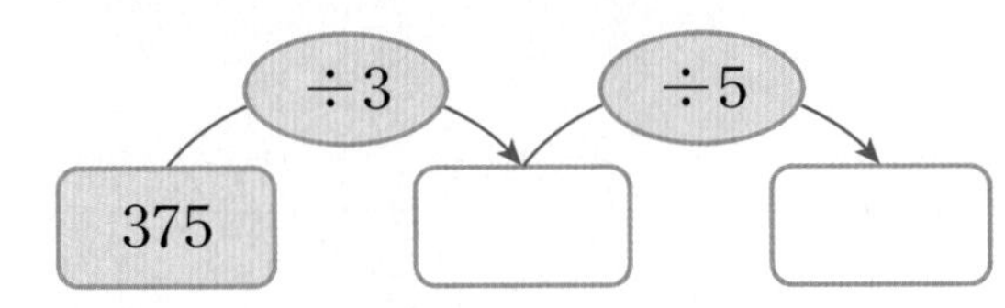

중요 **2** 나머지가 큰 것부터 차례로 기호를 써 보세요.

㉠ 62÷8	㉡ 590÷5
㉢ 79÷2	㉣ 986÷3

(　　　　　　　　)

3 큰 수를 작은 수로 나누었을 때 몫이 가장 큰 것을 찾아 기호를 써 보세요.

㉠ 30, 4	㉡ 5, 48
㉢ 6, 52	㉣ 45, 7

(　　　　　　　　)

4 ㉡에 알맞은 수를 구해 보세요.

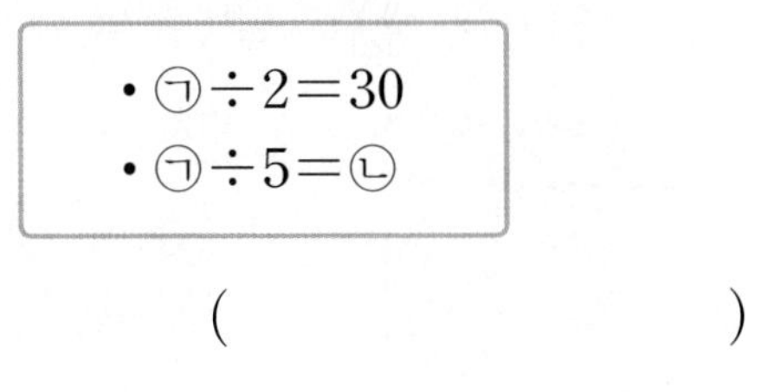

(　　　　　　　　)

5 80일은 몇 주 며칠일까요?

(　　　　　　　　)

6 사각형 가와 삼각형 나는 각 변의 길이가 모두 같은 도형입니다. 가의 네 변의 길이의 합이 48 cm이고 나의 세 변의 길이의 합이 39 cm일 때 어느 도형의 한 변의 길이가 몇 cm 더 길까요?

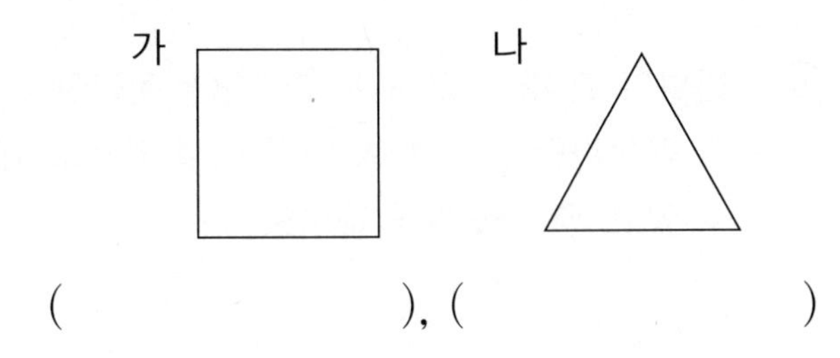

(　　　　), (　　　　)

7 보기 는 계산기를 사용하여 나눗셈의 몫을 구한 것입니다. ? 에 알맞은 수는 얼마일까요?

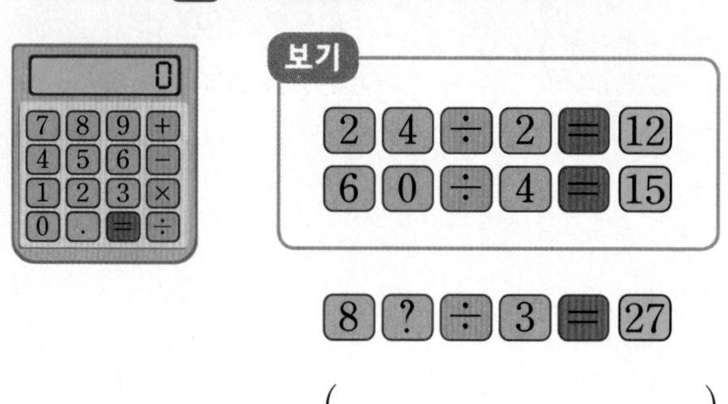

(　　　　　　　　)

8 □ 안에 들어갈 수 있는 수는 모두 몇 개일까요?

$45 \div 3 < \square < 72 \div 4$

(　　　　　　　　)

9 연필이 75타 있습니다. 7상자에 똑같이 나누어 담으려면 한 상자에 연필을 몇 자루씩 담을 수 있고, 몇 자루가 남을까요?

(　　　　　　　　), (　　　　　　　　)

중요 **10** □ 안에 알맞은 수를 써넣으세요.

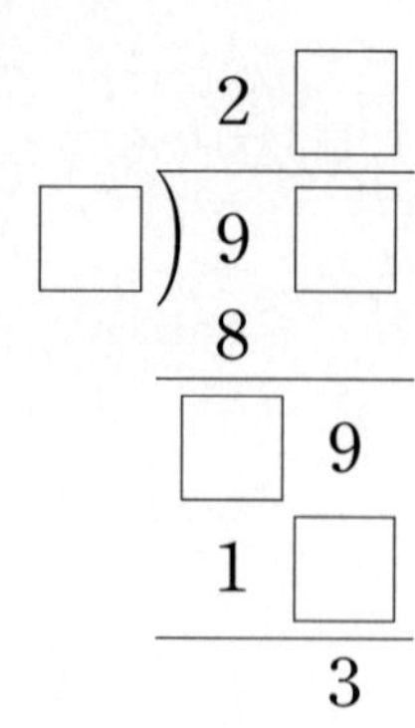

11 초콜릿이 117개 있습니다. 한 상자에 초콜릿을 8개씩 담을 수 있을 때 초콜릿을 남김없이 모두 담으려면 적어도 몇 상자가 필요할까요?

(　　　　　　　　)

12 어떤 수를 7로 나누었더니 몫이 14, 나머지가 1이었습니다. 어떤 수는 얼마일까요?

(　　　　　　　　)

중요
13 다음에서 두 식은 모두 나누어떨어지는 나눗셈입니다. 0부터 9까지의 수 중에서 □ 안에 공통으로 들어갈 수 있는 수를 구해 보세요.

$7\square \div 3 \quad 7\square \div 4$

(　　　　　　　　)

14 접시 한 개에 방울토마토 5개와 딸기 3개를 담으려고 합니다. 접시에 방울토마토 70개를 모두 담으려면 딸기는 몇 개 필요할까요?

(　　　　　　　　)

15 ㉠에 들어갈 수 있는 가장 큰 수를 구해 보세요.

㉠$\div 6 = 105 \cdots \square$

(　　　　　　　　)

16 거리가 714 m인 도로 한쪽에 처음부터 끝까지 6 m 간격으로 가로등을 세우려고 합니다. 한쪽에 가로등은 모두 몇 개 세워야 할까요? (단, 가로등의 두께는 생각하지 않습니다.)

(　　　　　　　　)

17 조건을 모두 만족하는 수를 구해 보세요.

- 75보다 크고 85보다 작습니다.
- 6으로 나누어떨어집니다.
- 4로 나누면 나머지가 2입니다.

(　　　　　　　　)

중요
18 수 카드를 한 번씩만 사용하여 (두 자리 수)÷(한 자리 수)의 나눗셈식을 만들려고 합니다. 나머지가 가장 크게 되는 나눗셈식을 만들고 계산해 보세요.

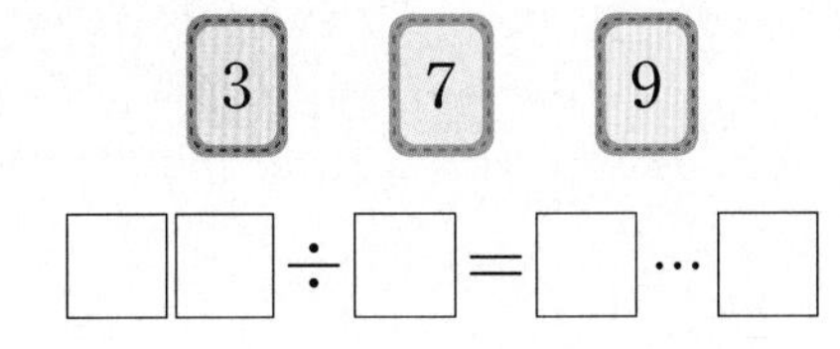

$\square\square \div \square = \square \cdots \square$

STEP 3 고수 최고문제

고수 비법

1 어느 농장에 있는 닭의 다리를 세어 보니 68개였습니다. 돼지는 닭보다 14마리 더 많다고 합니다. 돼지의 다리는 모두 몇 개일까요?

(　　　　　　　)

닭 한 마리의 다리는 2개이고, 돼지 한 마리의 다리는 4개입니다.

2 체험 학습에 가서 감자를 유진이는 153개, 시윤이는 135개, 아름이는 96개 캤습니다. 세 사람이 캔 감자를 모두 모아 한 봉지에 4개씩 담고 세 상자에 똑같이 나누어 담으려고 합니다. 한 상자에 몇 봉지씩 담게 될까요?

(　　　　　　　)

세 사람이 캔 감자를 한 봉지에 4개씩 담으면 몇 봉지가 되는지 알아봅니다.

3 그림과 같은 색 도화지를 가로 4 cm, 세로 5 cm인 직사각형 모양으로 잘라서 카드를 만들려고 합니다. 카드는 몇 장까지 만들 수 있을까요?

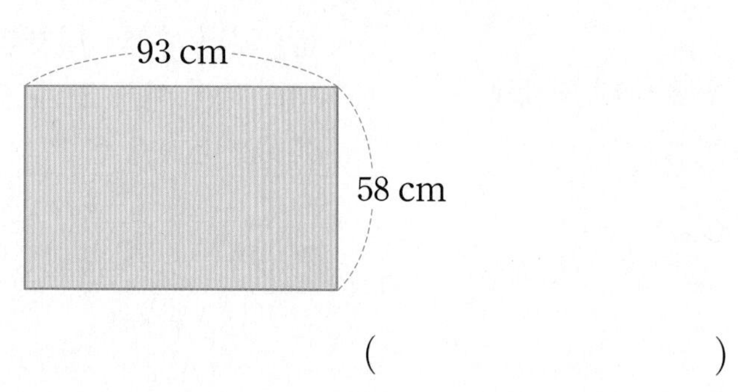

(　　　　　　　)

가로로 몇 장, 세로로 몇 장이 되는지 알아봅니다.

경시 문제 맛보기

4 구슬을 주머니 한 개에 8개씩 넣었더니 6개가 남고, 주머니 한 개에 5개씩 넣었더니 마지막 주머니에 2개가 모자랍니다. 구슬이 50개보다 많고 100개보다 적을 때 구슬은 모두 몇 개인지 구해 보세요.

( )

고수 비법

구슬 수는 8로 나누었을 때 6이 남고, 5로 나누었을 때 3이 남는 수입니다.

경시 문제 맛보기

5 다음과 같은 규칙으로 수를 늘어놓았습니다. 700번째 수를 구하시오.

1 2 3 4 3 2 1 2 3 4 3 2 1 2 3 4 3 2 1 ……

( )

반복되는 수들을 찾아 700번째 수가 몇 번째 수와 같은지 알아봅니다.

창의·융합 UP

6 수학+사회

1945년 8월 15일은 우리나라가 일본으로부터 해방된 날입니다. 이 날을 기억하고 1948년 대한민국 정부의 수립을 경축하기 위해 8월 15일을 광복절이라 하고 국경일로 지정하였습니다. 광복절을 기념하기 위해 거리가 687 m인 길의 양쪽에 처음부터 끝까지 3 m 간격으로 태극기를 게양하려고 합니다. 태극기는 모두 몇 장 필요할까요? (단, 태극기 깃대의 두께는 생각하지 않습니다.)

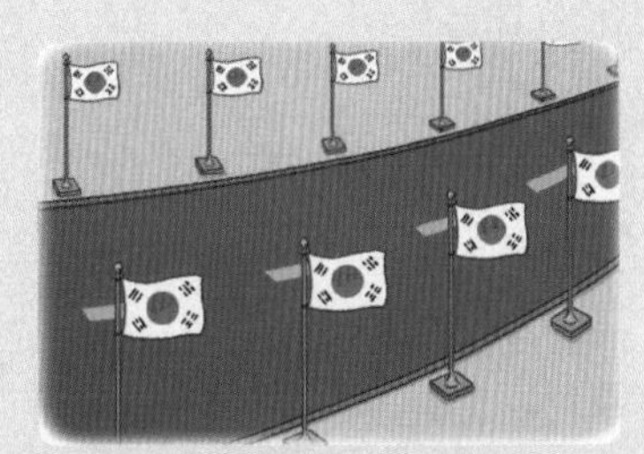

( )

태극기 사이의 간격 수는 (전체 거리)÷(태극기 사이의 거리)입니다.

1 □ 안에 알맞은 수를 써넣으세요.

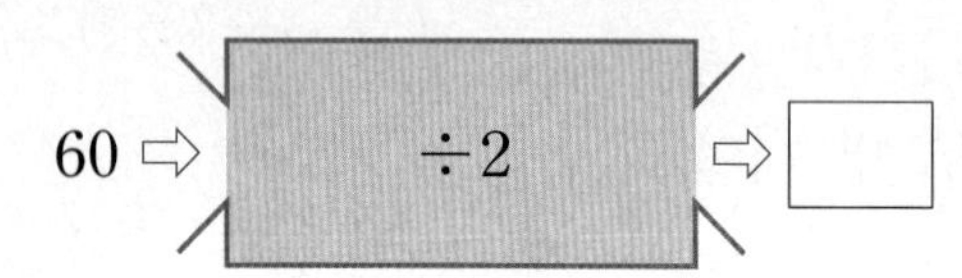

2 잘못 계산한 곳을 찾아 바르게 계산해 보세요.

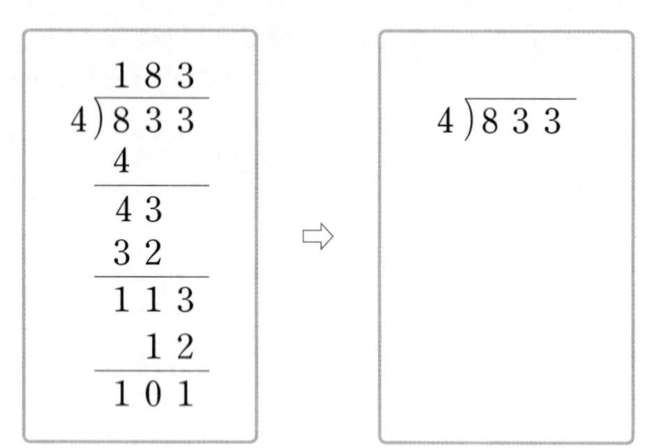

중요
3 몫이 같은 것끼리 선으로 이어 보세요.

32÷2 •	• 52÷4
65÷5 •	• 72÷3
96÷4 •	• 80÷5

중요
4 나머지가 5가 될 수 없는 식에 ○표 해 보세요.

□÷5　□÷6　□÷7　□÷9

5 몫이 15인 나눗셈의 나머지를 구해 보세요.

65÷4　74÷5　92÷6

(　　　　　　　　)

6 □ 안에 들어갈 수 있는 수에 모두 ○표 해 보세요.

□<117÷9

(11 , 12 , 13 , 14 , 15)

7 가장 큰 수를 가장 작은 수로 나눈 몫과 나머지를 각각 구해 보세요.

9	273	801	6

( ), ( )

8 몫이 큰 것부터 차례로 써서 사자성어를 만들어 보세요.

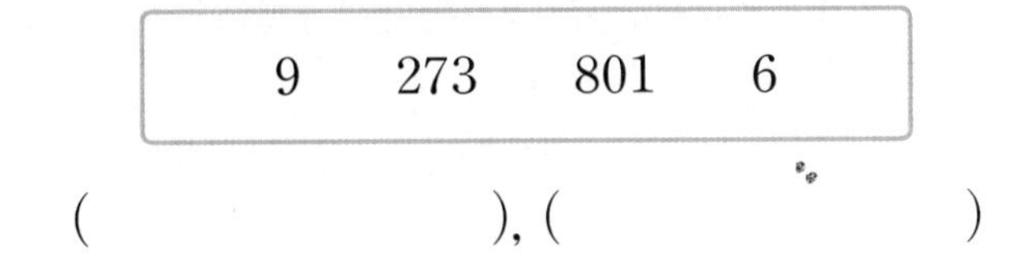

( )

9 사탕 428개를 7명이 똑같이 나누어 가지려고 합니다. 한 명이 몇 개씩 가질 수 있고, 몇 개가 남을까요?

( ), ( )

10 다음 나눗셈이 나누어떨어질 때, 0부터 9까지의 수 중에서 □ 안에 들어갈 수 있는 수를 모두 구해 보세요.

6□÷5

( )

수 카드 5장 중에서 4장을 사용하여 (세 자리 수)÷(한 자리 수)의 나눗셈식을 만들려고 합니다. 물음에 답하세요. (11~12)

3　7　9　4　6

11 몫이 가장 작은 나눗셈식을 만들고 계산해 보세요.

□□□÷□=□…□

중요

12 몫이 가장 큰 나눗셈식을 만들고 계산해 보세요.

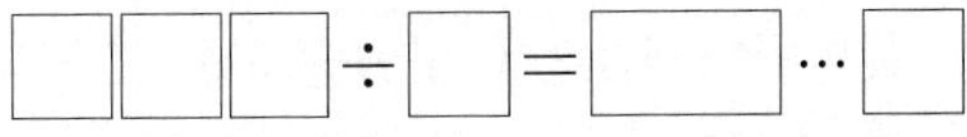

□□□÷□=□…□

창의•융합 수학+사회

13 책거리는 옛날에 학동들이 책을 한 권 다 배울 때마다 훈장님께 감사하며 간단한 음식을 나누어 먹던 행사입니다. 서준이네 학교에서도 한 학기를 마치고 책거리를 하려고 합니다. 3학년 모든 학생들에게 떡 147개를 3개씩 똑같이 나누어 주었습니다. 3학년 각 반 학생 수가 다음과 같을 때 3반 학생 수를 구해 보세요.

반	1	2	3
학생 수(명)	16	15	

( )

중요

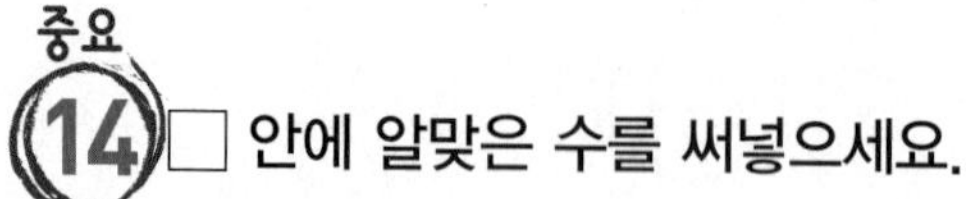

14 □ 안에 알맞은 수를 써넣으세요.

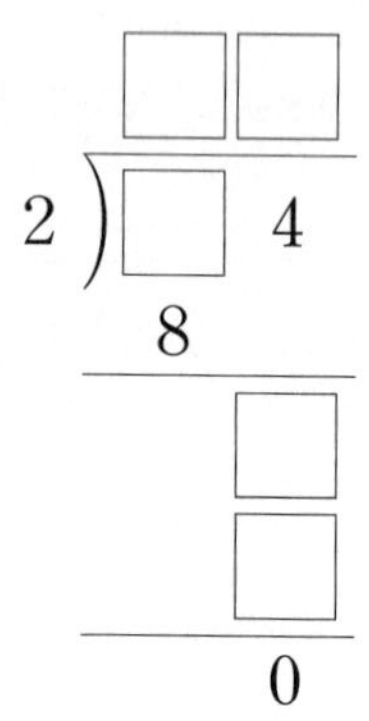

15 모형 자동차가 65 m를 5초에 가는 빠르기로 출발하여 13초를 달렸습니다. 도착점까지 남은 거리가 4 m라면 출발점에서 도착점까지의 거리는 몇 m일까요?

( )

16 그림과 같은 직사각형 모양의 종이를 잘라 한 변의 길이가 4 cm인 정사각형을 만들려고 합니다. 정사각형을 몇 개까지 만들 수 있을까요?

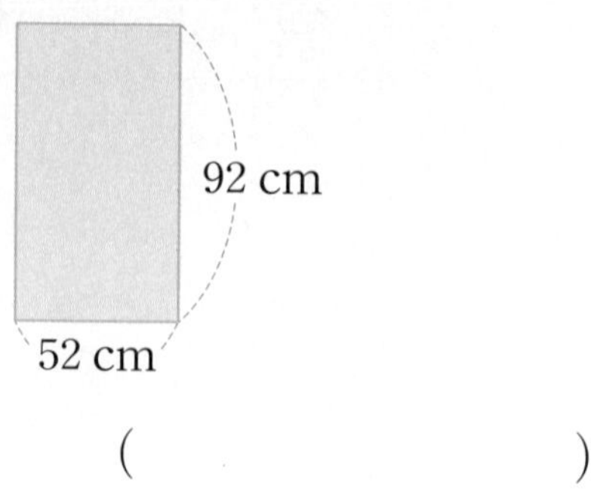

( )

중요

17 조건을 모두 만족하는 수는 얼마일까요?

- 9로 나누어떨어집니다.
- 7로 나누면 나머지가 6입니다.
- 80보다 크고 100보다 작습니다.

( )

18 3학년 학생들을 운동장에 한 줄에 8명씩 세웠더니 2명이 남고, 한 줄에 9명씩 세웠더니 4명이 남았습니다. 3학년 학생 수가 200명보다 많고 220명보다 적다면 3학년 학생은 몇 명일까요?

( )

정답과 해설 10쪽

19 어떤 수를 4로 나누어야 할 것을 잘못하여 8로 나누었더니 17로 나누어떨어졌습니다. 바르게 계산하면 몫은 얼마인지 풀이 과정을 쓰고 답을 구해 보세요.

풀이

답

20 수경이는 하루에 37쪽씩 3일 동안 다 읽은 동화책을 다시 읽으려고 합니다. 하루에 8쪽씩 읽으면 동화책을 다 읽는 데 적어도 며칠이 걸리는지 풀이 과정을 쓰고 답을 구해 보세요.

풀이

답

21 오른쪽 그림과 같이 크기가 같은 정사각형 모양의 종이 3장을 겹치지 않게 이어 붙여 직사각형 모양을 만들었습니다. 만든 직사각형의 네 변의 길이의 합이 120 cm일 때 정사각형의 한 변의 길이는 몇 cm인지 풀이 과정을 쓰고 답을 구해 보세요.

풀이

답

22 둘레가 378 m인 원 모양 호수의 가장자리에 3 m 간격으로 노란색 깃발을 꽂고 6 m 간격으로 초록색 깃발을 꽂으려고 합니다. 필요한 깃발은 모두 몇 개인지 풀이 과정을 쓰고 답을 구해 보세요. (단, 깃발의 두께는 생각하지 않고, 겹치는 지점에는 두 가지 깃발을 모두 꽂습니다.)

풀이

답

23 3으로 나누어도 나누어떨어지고 5로 나누어도 나누어떨어지는 수가 있습니다. 이 수 중에서 가장 큰 두 자리 수는 얼마인지 풀이 과정을 쓰고 답을 구해 보세요.

풀이

답

3

원

3 원

1 원의 중심, 반지름, 지름 알아보기

• 원의 중심: 원을 그릴 때 누름 못이 꽂혔던 점 ㅇ
• 원의 반지름: 원의 중심 ㅇ과 원 위의 한 점을 이은 선분
⇨ 선분 ㅇㄱ과 선분 ㅇㄴ
• 원의 지름: 원의 중심 ㅇ을 지나고, 원 위의 두 점을 이은 선분
⇨ 선분 ㄱㄴ

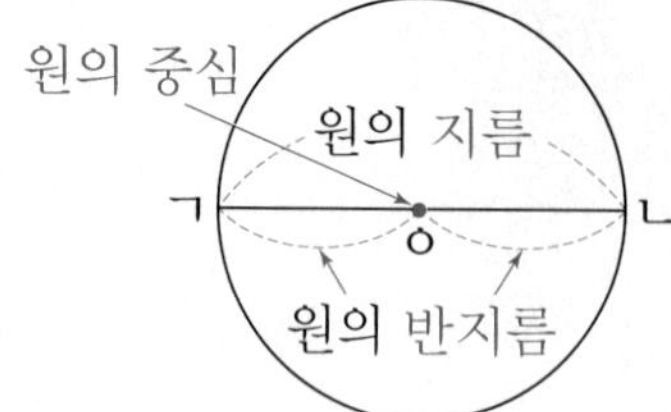

2 원의 성질 알아보기

• 한 원에서 원의 중심은 1개입니다.
• 원의 반지름과 지름은 무수히 많이 그을 수 있습니다.
• 원의 지름은 원 안에 그을 수 있는 가장 긴 선분입니다.
• 한 원에서 지름은 반지름의 2배입니다.

3 컴퍼스를 이용하여 원 그리기

예 컴퍼스를 이용하여 반지름이 1 cm인 원 그리기

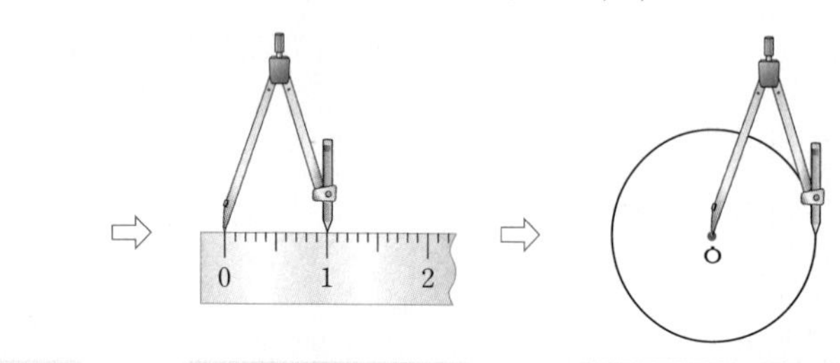

원의 중심이 되는 점 ㅇ을 정합니다. ⇨ 컴퍼스를 원의 반지름만큼 벌립니다. ⇨ 컴퍼스의 침을 점 ㅇ에 꽂고 원을 그립니다.

4 원을 이용하여 여러 가지 모양 그리기

컴퍼스의 침을 꽂아야 할 곳을 생각하여 원을 이용한 모양을 만들어 봅니다.

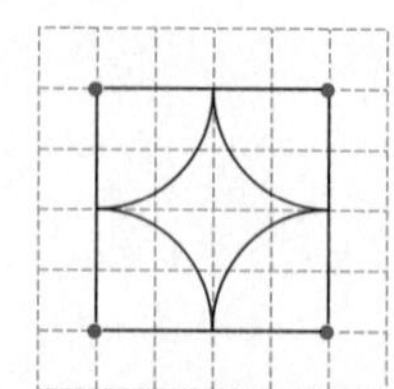
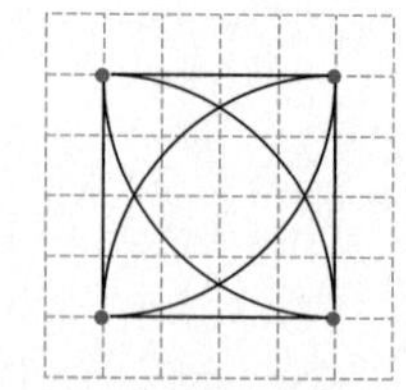
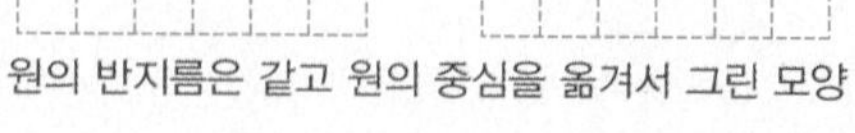

원의 반지름은 같고 원의 중심을 옮겨서 그린 모양

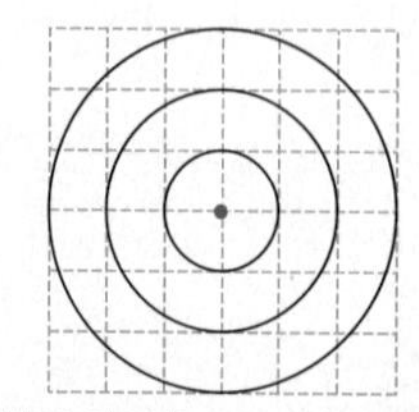

원의 중심은 같고 반지름을 다르게 하여 그린 모양

다음에 배울 내용

6-2 5. 원의 넓이

▸ **원주와 원주율**
• 원주(원둘레): 원의 둘레

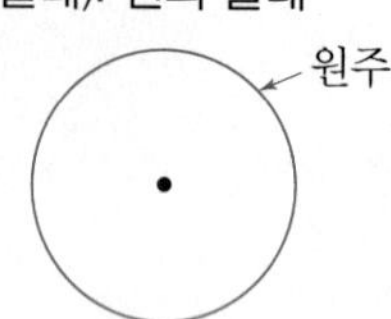

• 원주율: 원의 지름에 대한 원주의 비율
⇨ (원주율)=(원주)÷(지름)
└➔항상 일정합니다.

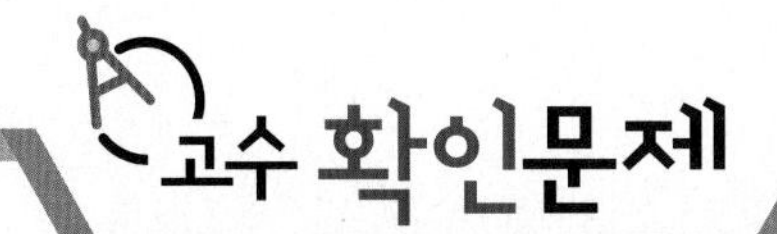

정답과 해설 12쪽

원의 중심, 반지름, 지름 알아보기

1 원의 반지름을 찾아 기호를 써 보세요.

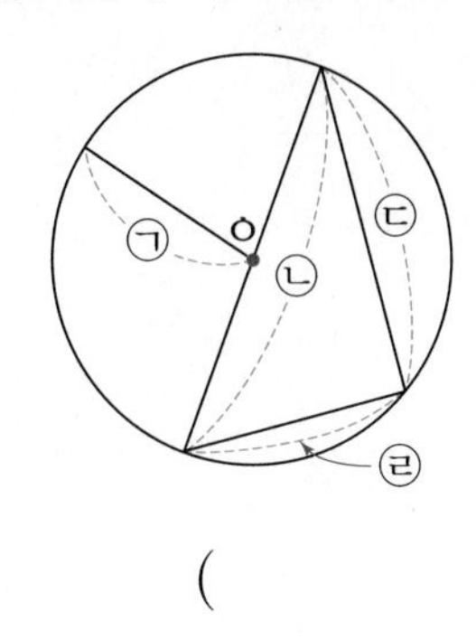

( )

원의 중심, 반지름, 지름 알아보기

2 원의 지름은 몇 cm일까요?

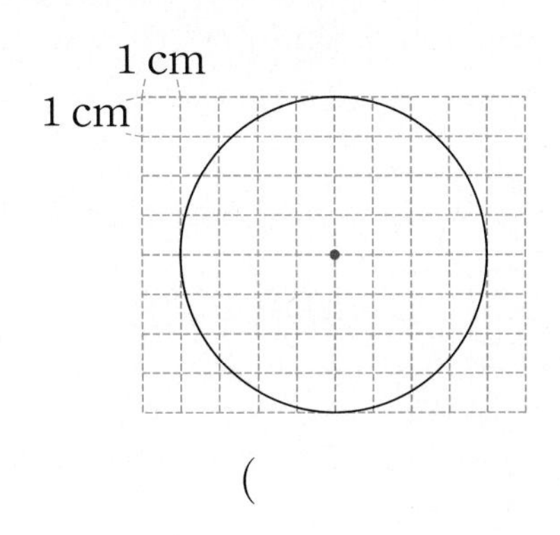

( )

원의 성질 알아보기

3 원 위의 선분 중 길이가 가장 긴 선분을 찾아 써 보세요.

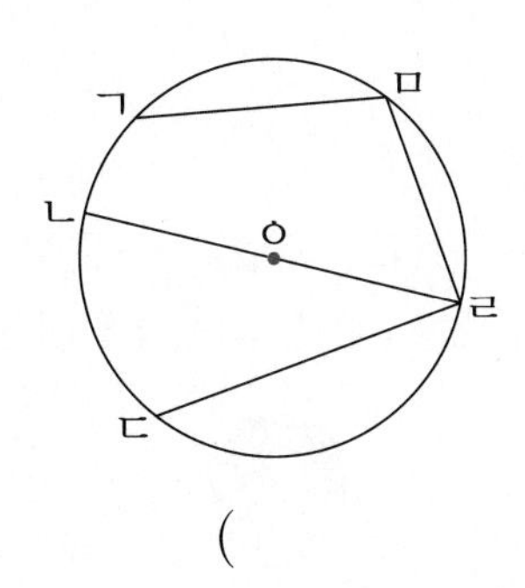

( )

원의 성질 알아보기

4 원의 반지름과 지름은 각각 몇 cm일까요?

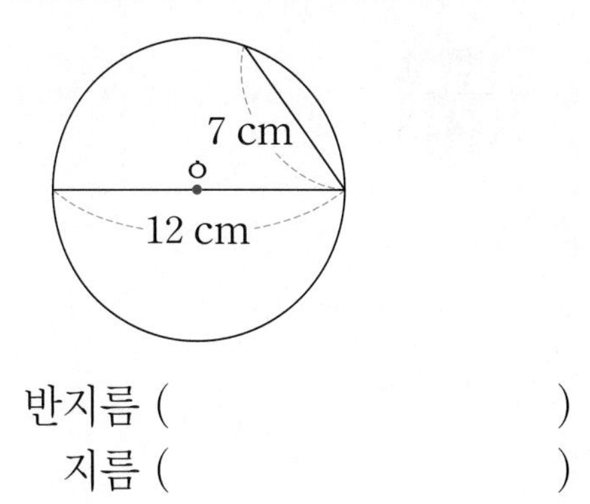

반지름 ( )

지름 ( )

컴퍼스를 이용하여 원 그리기

5 컴퍼스를 이용하여 반지름이 1 cm인 원 2개를 맞닿게 그려 보세요.

원을 이용하여 여러 가지 모양 그리기

6 주어진 모양과 똑같이 그려 보세요.

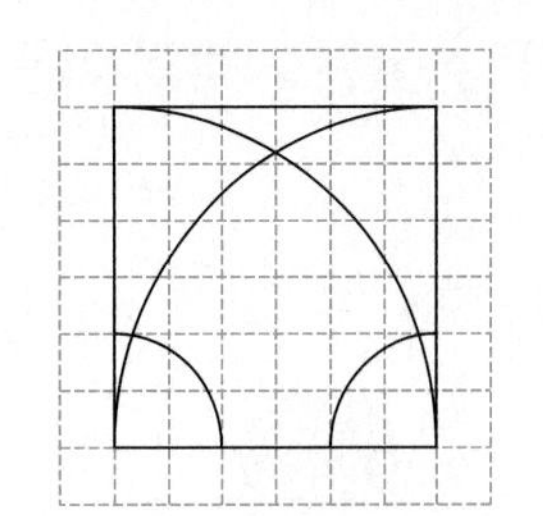  

대표유형문제

1 원의 크기 비교하기

대표문제 가장 작은 원을 찾아 기호를 써 보세요.

㉠ 반지름이 12 cm인 원
㉡ 지름이 16 cm인 원
㉢ 컴퍼스를 10 cm만큼 벌려서 그린 원

( )

| 풀이 |

[1단계] 원의 반지름 구하기	㉠ 원의 반지름은 □ cm입니다. ㉡ 원의 반지름은 16÷□=□(cm)입니다. ㉢ 컴퍼스를 10 cm만큼 벌려서 그린 원의 반지름은 □ cm입니다.
[2단계] 가장 작은 원 찾기	원의 반지름이 짧을수록 작은 원이므로 반지름이 작은 원부터 차례로 기호를 써 보면 □, □, □입니다. 따라서 가장 작은 원은 □입니다.

유제 1 원의 크기를 비교하여 ○ 안에 >, =, <를 알맞게 써넣으세요.

반지름이 11 cm인 원 ○ 지름이 20 cm인 원

유제 2 크기가 다른 원을 말한 사람의 이름을 써 보세요.

( )

2 맞닿은 원에서 선분의 길이 구하기

점 ㄱ, 점 ㄴ은 원의 중심입니다. 선분 ㄱㄴ의 길이는 몇 cm일까요?

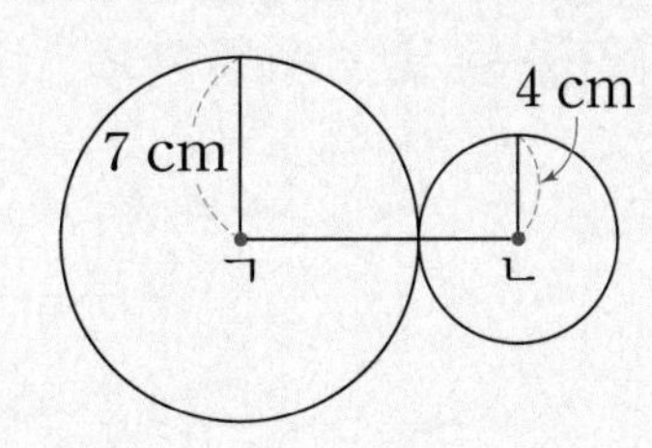

( )

| 풀이 |

[1단계] 큰 원의 반지름과 작은 원의 반지름 알아보기	큰 원의 반지름은 ☐ cm, 작은 원의 반지름은 ☐ cm입니다.
[2단계] 선분 ㄱㄴ의 길이 구하기	한 원에서 반지름의 길이는 모두 같으므로 선분 ㄱㄴ의 길이는 (큰 원의 반지름)+(작은 원의 반지름) =☐+☐=☐(cm)입니다.

유제 3 그림은 반지름이 7 cm인 원 3개를 맞닿게 그린 것입니다. 선분 ㄱㄴ의 길이는 몇 cm일까요?

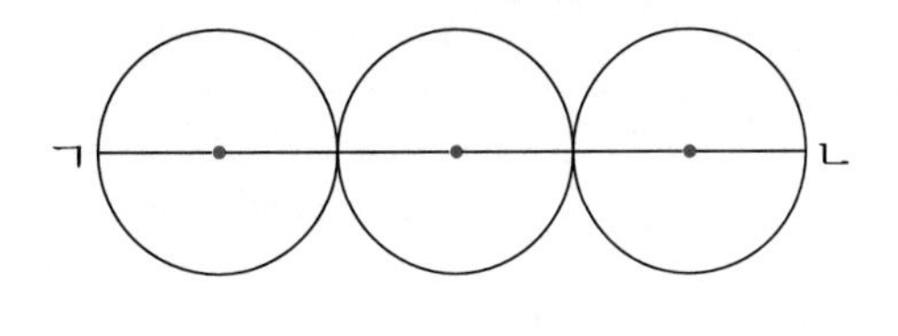

( )

유제 4 점 ㄱ, 점 ㄴ, 점 ㄷ은 원의 중심입니다. 선분 ㄱㄷ의 길이는 몇 cm일까요?

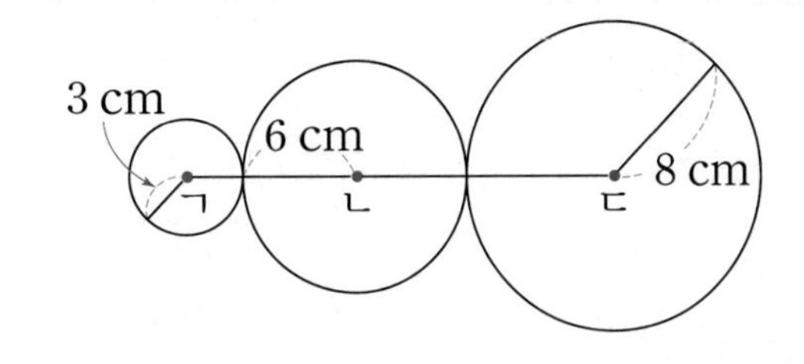

( )

3 겹치거나 포함된 원에서 선분의 길이 구하기

크기가 같은 원 4개를 원의 중심이 지나도록 겹쳐서 그렸습니다. 선분 ㄱㄴ의 길이가 25 cm일 때 원의 반지름은 몇 cm일까요?

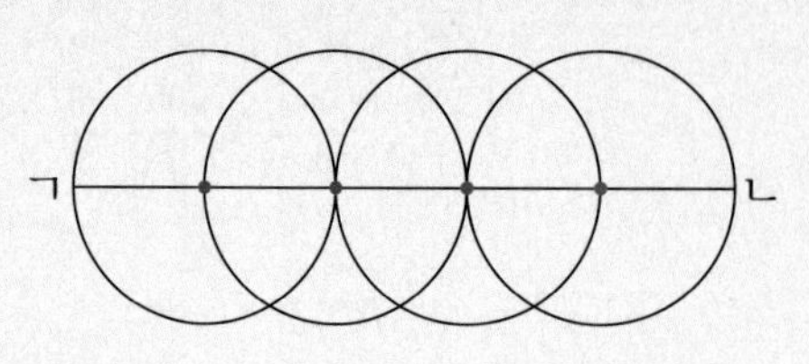

( )

| 풀이 |

[1단계] 선분 ㄱㄴ의 길이는 원의 반지름의 몇 배인지 구하기	선분 ㄱㄴ은 반지름이 □개 모인 것과 같으므로 원의 반지름의 □배입니다.
[2단계] 원의 반지름 구하기	원의 반지름은 □ ÷ □ = □(cm)입니다.

크기가 같은 원 2개를 원의 중심이 지나도록 겹쳐서 그린 다음 겹쳐진 부분에 꼭 맞는 작은 원을 그렸습니다. 작은 원의 지름은 몇 cm일까요?

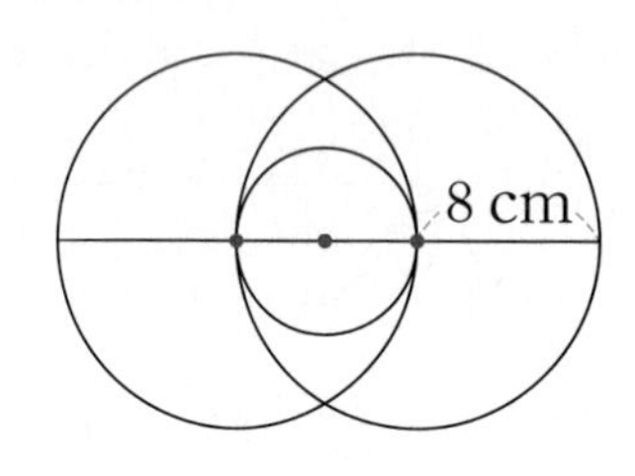

( )

유제 6

점 ㅇ은 원의 중심입니다. 큰 원의 지름이 12 cm일 때 선분 ㄱㄴ의 길이는 몇 cm일까요?

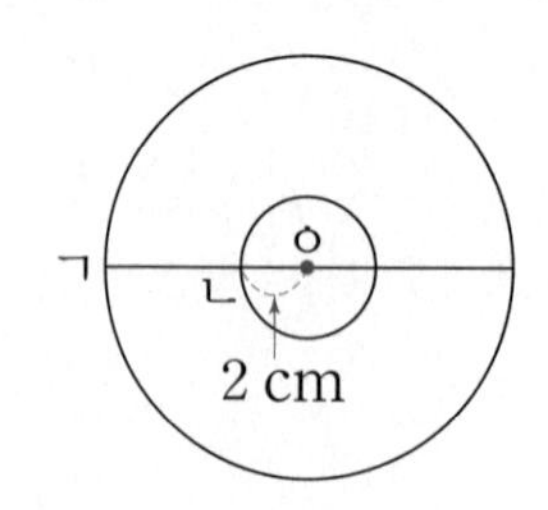

( )

4 원을 이용하여 도형의 변의 길이의 합 구하기

대표 문제 오른쪽 그림은 반지름이 5 cm인 원 3개를 맞닿게 그리고 세 원의 중심을 이은 것입니다. 삼각형의 세 변의 길이의 합은 몇 cm일까요?

5 cm

(　　　　　　　　)

| 풀이 |

[1단계] 삼각형의 한 변이 반지름의 몇 배인지 구하기	삼각형의 한 변은 원의 반지름의 □배입니다.
[2단계] 삼각형의 한 변 구하기	원의 반지름이 □ cm이므로 삼각형의 한 변은 □×2=□(cm)입니다.
[3단계] 삼각형의 세 변의 길이의 합 구하기	세 변의 길이가 같으므로 삼각형의 세 변의 길이의 합은 □×3=□(cm)입니다.

유제 7 오른쪽 그림은 정사각형 안에 반지름이 3 cm인 원 4개를 맞닿게 그린 것입니다. 정사각형의 네 변의 길이의 합은 몇 cm일까요?

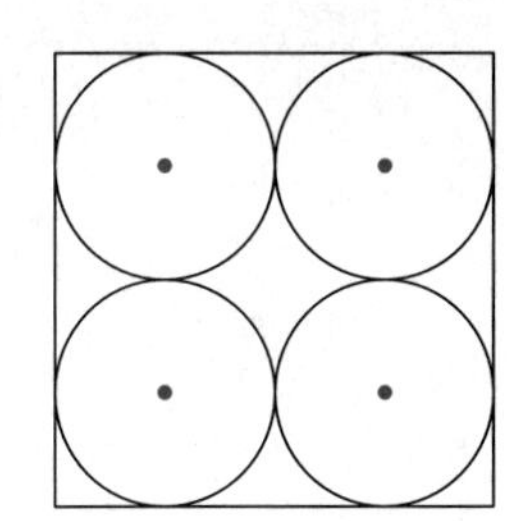

(　　　　　　　　)

Up 유제 8 점 ㄱ, 점 ㄴ, 점 ㄷ은 원의 중심입니다. 삼각형 ㄱㄴㄷ의 세 변의 길이의 합은 몇 cm일까요?

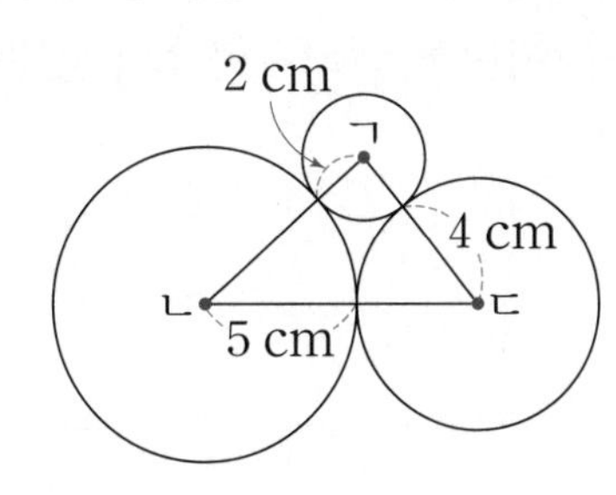

(　　　　　　　　)

5 원을 이용하여 여러 가지 모양을 그릴 때 원의 중심 알아보기

대표문제 오른쪽 그림과 같이 원을 그렸습니다. 원의 중심은 모두 몇 개일까요?

( )

| 풀이 |

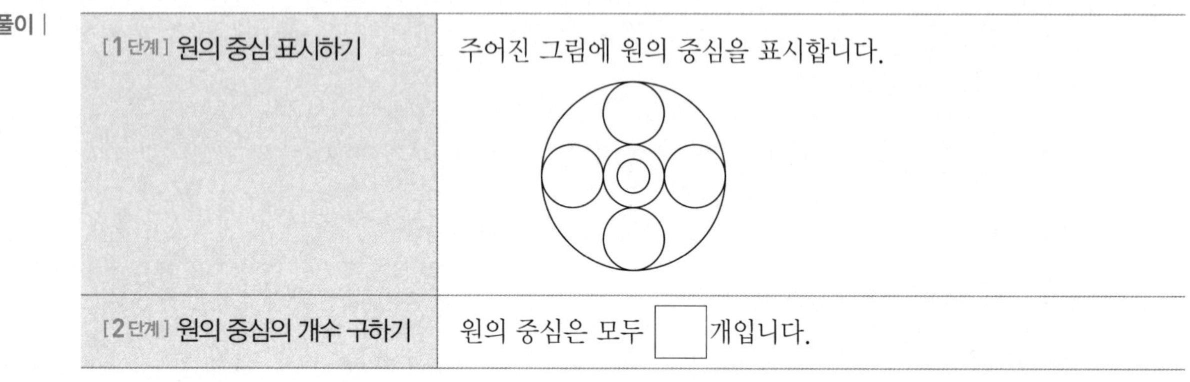

[1 단계] 원의 중심 표시하기	주어진 그림에 원의 중심을 표시합니다.
[2 단계] 원의 중심의 개수 구하기	원의 중심은 모두 □ 개입니다.

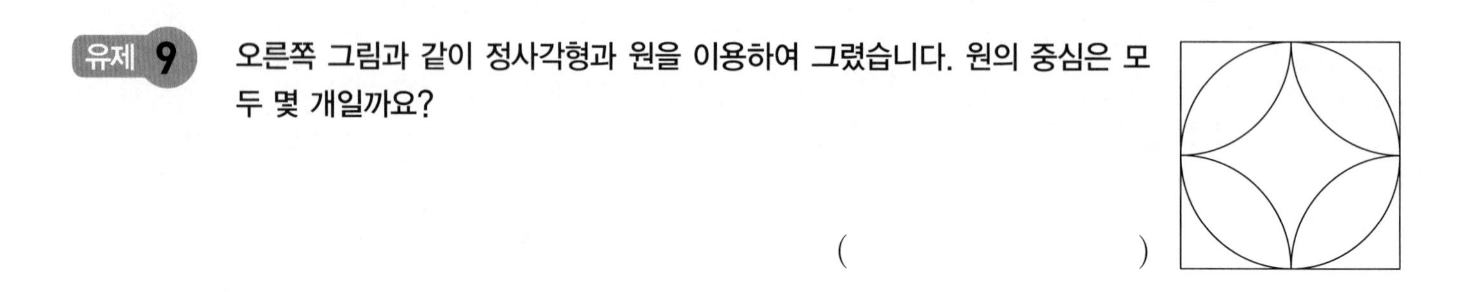

유제 9 오른쪽 그림과 같이 정사각형과 원을 이용하여 그렸습니다. 원의 중심은 모두 몇 개일까요?

( )

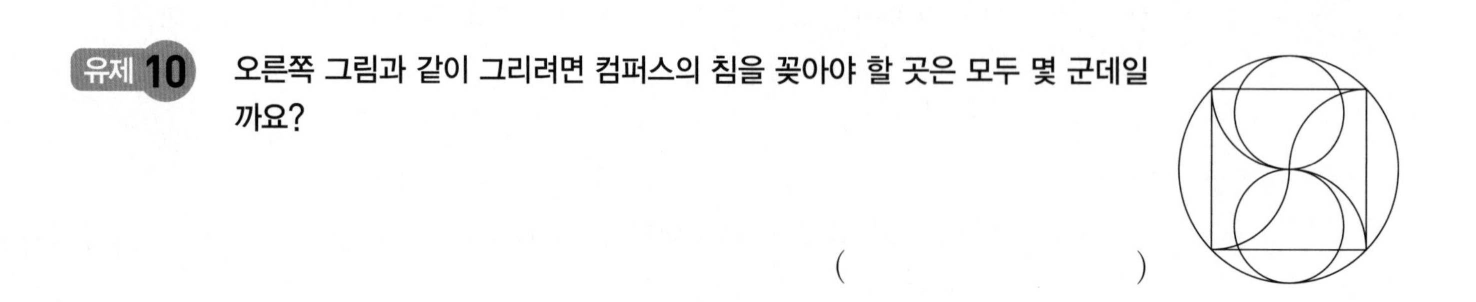

유제 10 오른쪽 그림과 같이 그리려면 컴퍼스의 침을 꽂아야 할 곳은 모두 몇 군데일까요?

( )

정답과 해설 13쪽

1 원의 크기가 큰 것부터 차례로 기호를 써 보세요.

㉠ 지름이 12 cm인 원
㉡ 반지름이 5 cm인 원
㉢ 컴퍼스를 8 cm만큼 벌려서 그린 원
㉣ 원 위의 두 점을 이은 선분 중 가장 긴 선분의 길이가 14 cm인 원

( )

2 다음 정사각형 안에 그릴 수 있는 가장 큰 원의 지름은 몇 cm일까요?

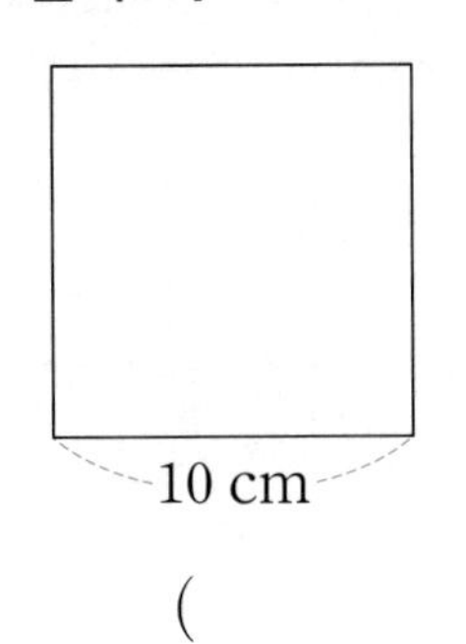

( )

3 그림과 같이 직사각형 안에 지름이 4 cm인 원 5개를 원의 중심이 지나도록 겹쳐서 그렸습니다. 직사각형의 네 변의 길이의 합은 몇 cm일까요?

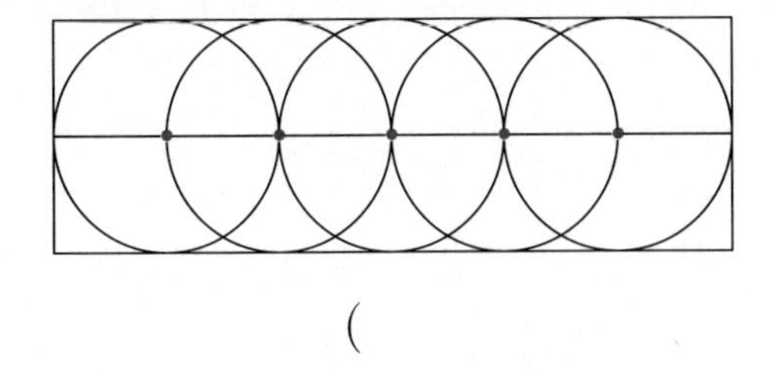

( )

중요

4 반지름을 다르게 하여 그린 모양을 모두 찾아 기호를 써 보세요.

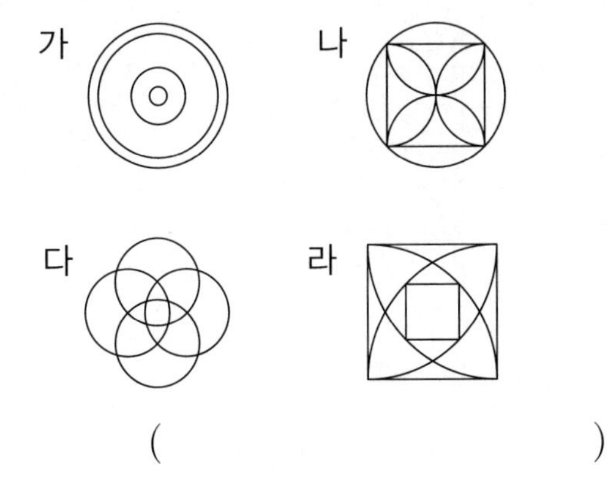

( )

5 자와 컴퍼스를 이용하여 그림과 같은 모양을 그렸습니다. 원의 중심은 모두 몇 개일까요?

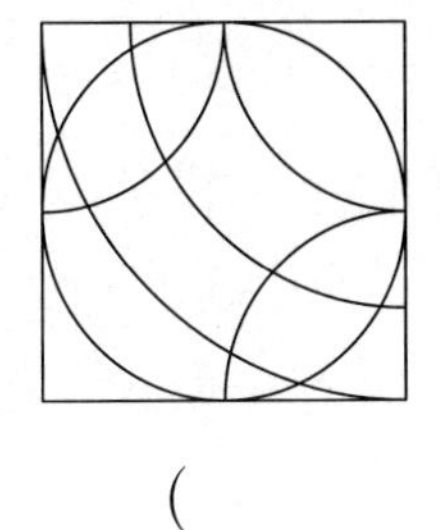

( )

6 가장 큰 원의 지름은 몇 cm일까요?

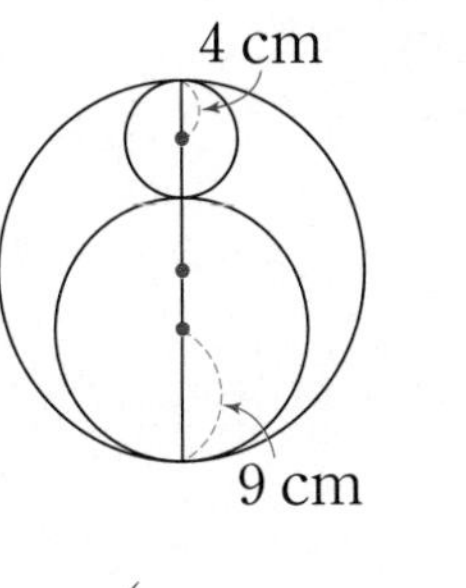

( )

7 주어진 무늬와 똑같은 모양을 그리려면 컴퍼스의 침을 모두 몇 군데 꽂아야 할까요?

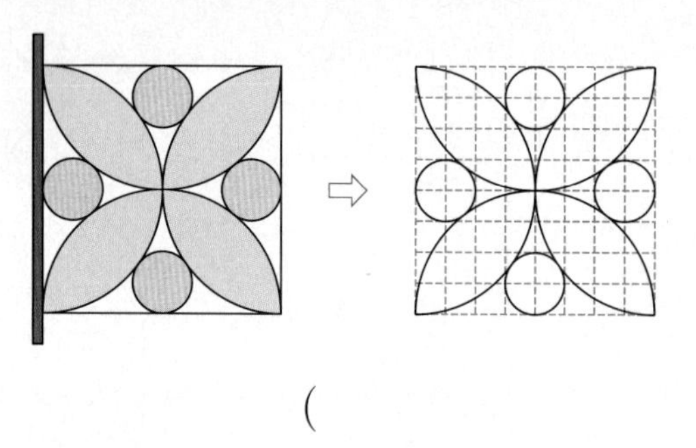

(　　　　　　　　　　)

8 지름이 24 mm인 100원짜리 동전 4개를 그림과 같이 맞닿게 붙여 놓았습니다. 네 동전의 중심을 선분으로 이었을 때 만들어지는 사각형 ㄱㄴㄷㄹ의 네 변의 길이의 합은 몇 mm일까요?

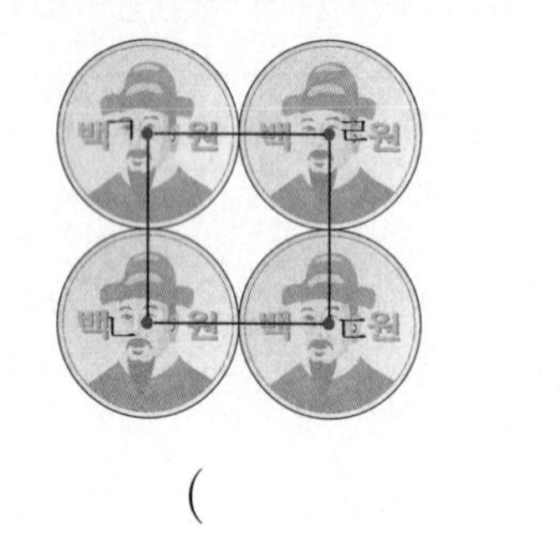

(　　　　　　　　　　)

중요 **9** 점 ㅇ은 원의 중심입니다. 삼각형 ㄱㅇㄴ의 세 변의 길이의 합이 26 cm일 때 원의 지름은 몇 cm일까요?

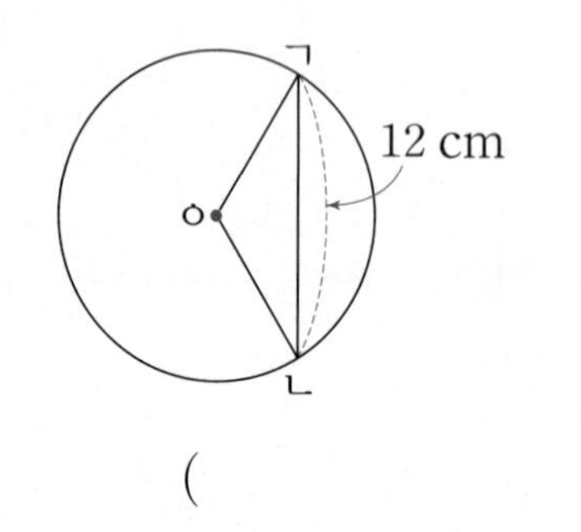

(　　　　　　　　　　)

10 그림과 같이 반지름이 20 cm인 원 안에 크기가 같은 작은 원 4개를 맞닿게 그렸습니다. 작은 원의 지름은 몇 cm일까요?

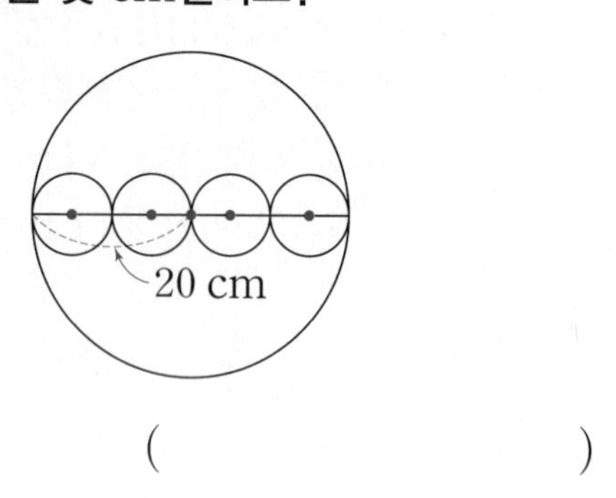

(　　　　　　　　　　)

11 주어진 모양을 그리려면 크기가 같은 원은 몇 개 그려야 할까요?

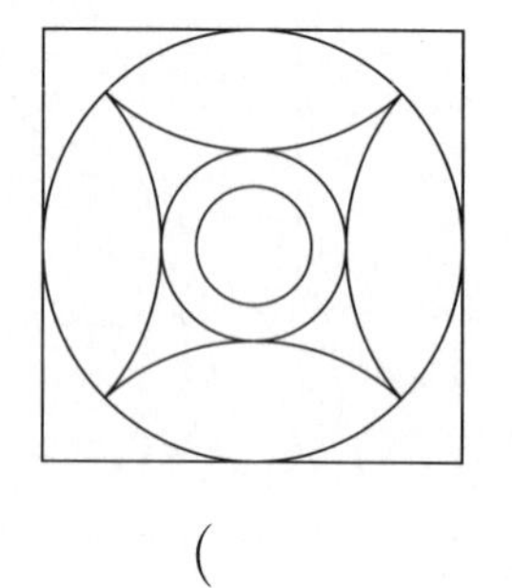

(　　　　　　　　　　)

12 정사각형의 네 변의 길이의 합은 몇 cm일까요?

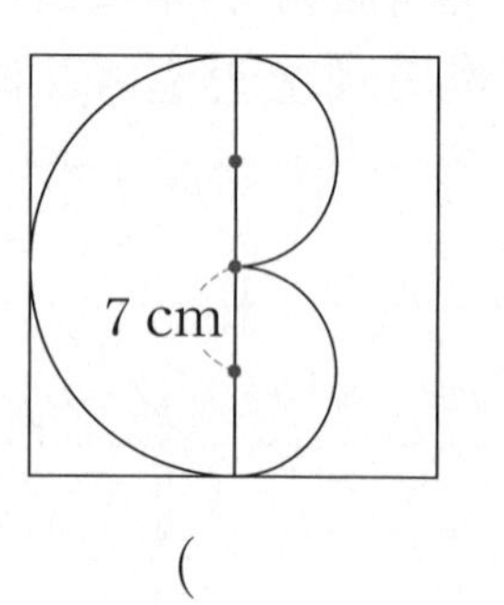

(　　　　　　　　　　)

13 선분 ㄱㄴ의 길이는 몇 cm일까요?

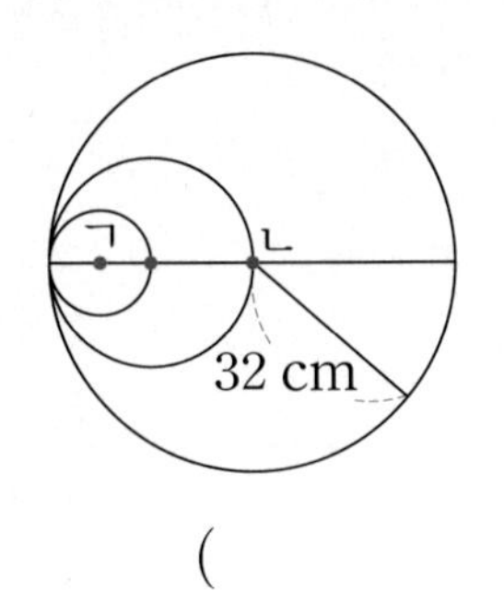

( )

14 점 ㄴ, 점 ㄹ은 원의 중심입니다. 사각형 ㄱㄴㄷㄹ의 네 변의 길이의 합은 몇 cm일까요?

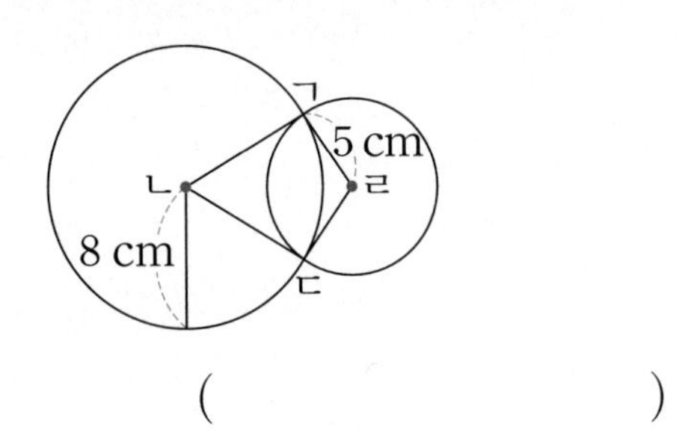

( )

15 크기가 같은 원 3개와 2개를 원의 중심이 지나도록 겹쳐서 그렸습니다. 선분 ㄱㄴ의 길이는 몇 cm일까요?

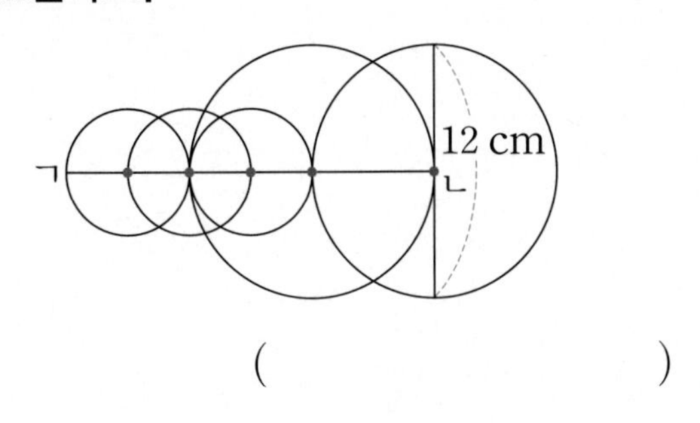

( )

16 직사각형 안에 크기가 같은 원을 원의 중심이 지나도록 겹쳐서 그렸습니다. 그린 원은 모두 몇 개일까요?

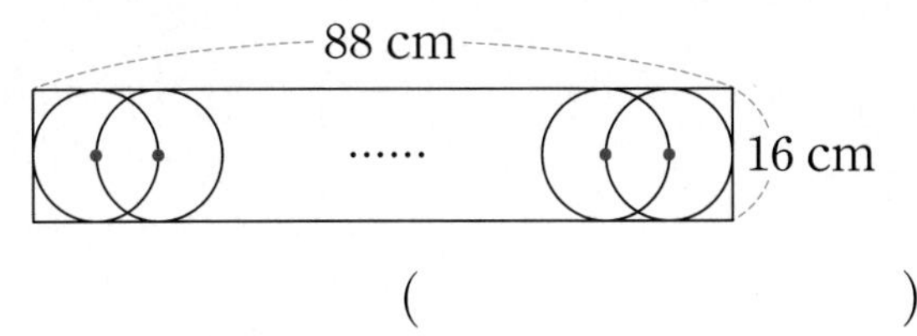

( )

중요

17 점 ㄱ, 점 ㄴ, 점 ㄷ은 원의 중심입니다. 삼각형 ㄱㄴㄷ의 세 변의 길이의 합이 47 cm일 때 세 원의 반지름의 합은 몇 cm일까요?

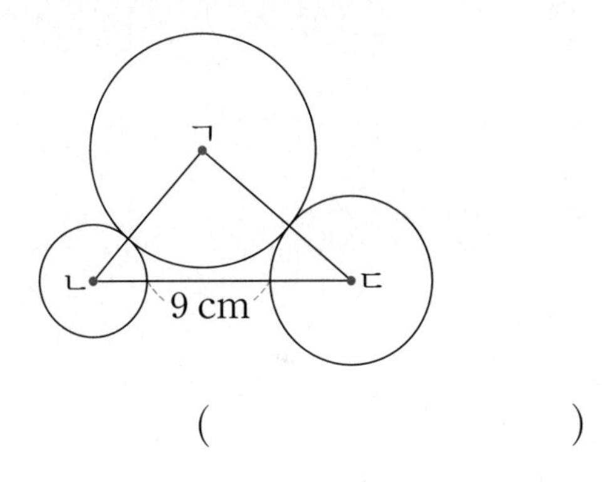

( )

18 점 ㅁ, 점 ㅂ, 점 ㅅ, 점 ㅇ은 원의 중심입니다. 선분 ㅁㅂ의 길이는 몇 cm일까요?

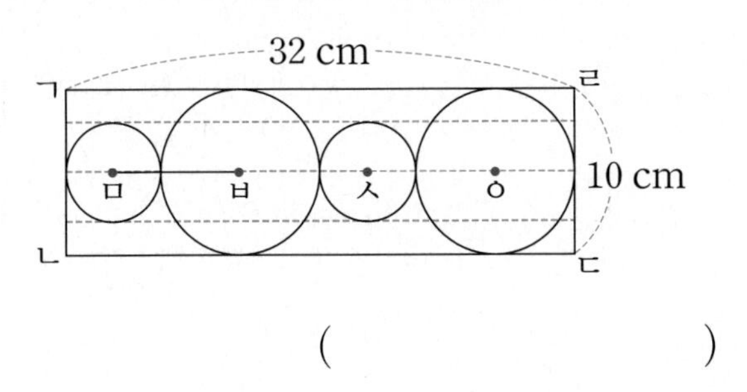

( )

고수 비법

1 그림과 같이 원 4개를 맞닿게 그리고 네 원의 중심을 이어 사각형 ㄱㄴㄷㄹ을 만들었습니다. 사각형 ㄱㄴㄷㄹ의 네 변의 길이의 합은 몇 cm일까요?

사각형의 변의 길이와 원의 반지름 사이의 관계를 알아봅니다.

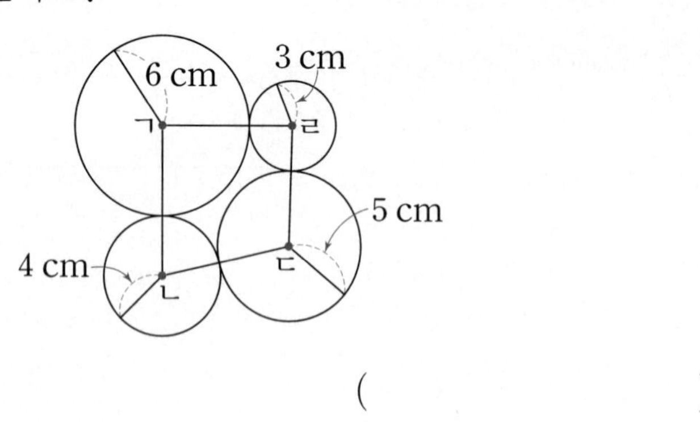

(   )

2 큰 원의 지름은 몇 cm일까요?

큰 원의 반지름은 작은 원의 지름과 같습니다.

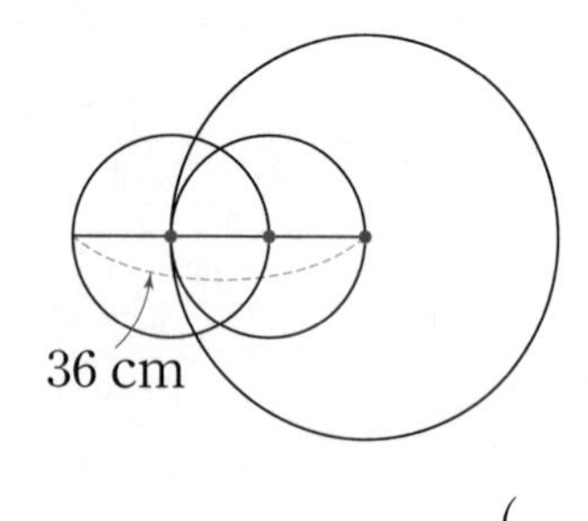

(   )

3 ㉠의 길이는 몇 cm일까요?

크기가 다른 세 원의 지름과 반지름을 알아봅니다.

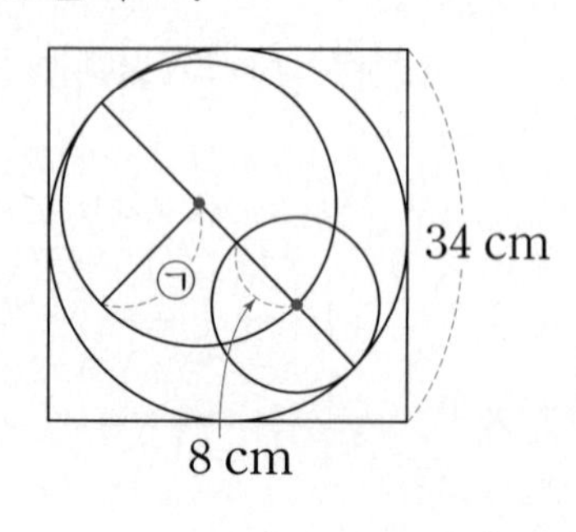

(   )

경시 문제 맛보기

4 반지름이 3 cm인 원을 겹치지 않게 그림과 같이 그렸습니다. 빨간색 선의 길이는 몇 cm일까요?

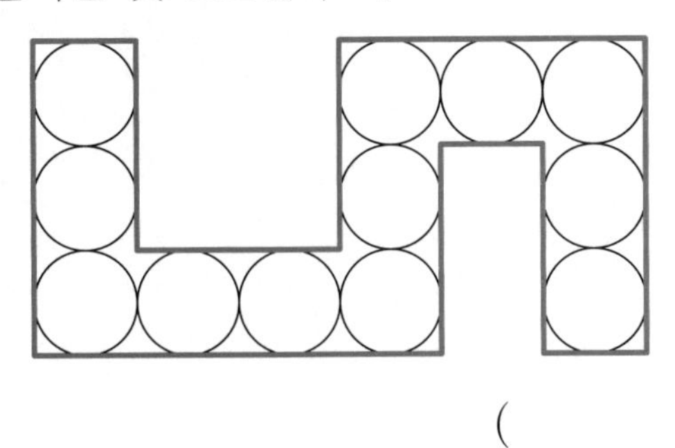

(　　　　　　　　)

고수 비법

빨간색 선의 길이는 원의 지름의 몇 배인지 알아봅니다.

경시 문제 맛보기

5 직사각형 안에 그림과 같은 규칙으로 반지름이 1 cm인 원을 18개 그렸더니 직사각형에 꼭 맞게 그려졌습니다. ㉠의 길이는 몇 cm일까요?

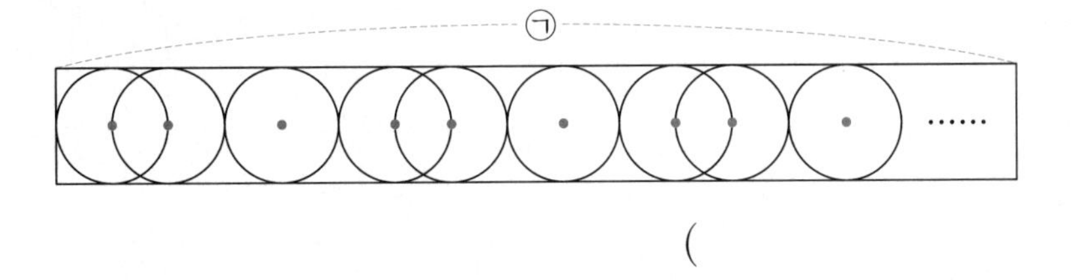

(　　　　　　　　)

원을 그린 규칙을 찾은 다음 반지름을 이용하여 ㉠의 길이를 알아봅니다.

창의·융합 UP

6 수학+과학

미스터리 서클이란 하늘에서 땅의 사진을 찍었을 때 평지나 밭에 보이는 기이한 문양을 말합니다. 많은 사람들이 연구하였지만 거대한 문양이 생기는 원인에 대해서 아직 밝혀진 것은 없다고 합니다. 왼쪽 미스터리 서클을 본따 오른쪽과 같은 무늬를 그렸습니다. 그린 원의 중심은 모두 몇 개일까요?

(　　　　　　　　)

원을 그릴 때 컴퍼스의 침을 꽂아야 할 곳이 몇 군데인지 알아봅니다.

1 컴퍼스를 그림과 같이 벌려서 그린 원의 지름은 몇 cm일까요?

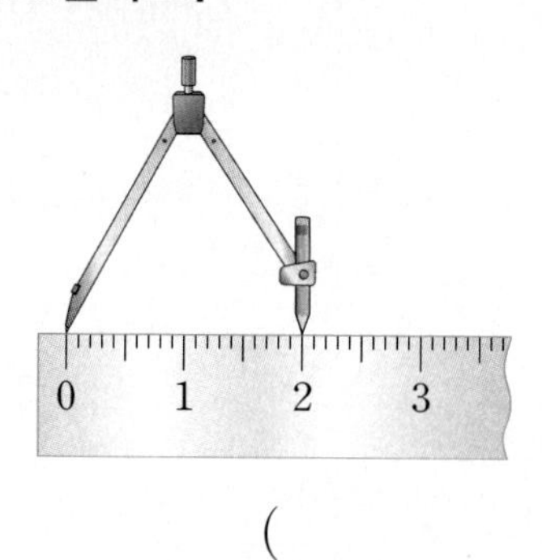

( )

2 점 ㅇ은 원의 중심입니다. 선분 ㅇㄴ과 선분 ㅇㄷ의 길이의 합은 몇 cm일까요?

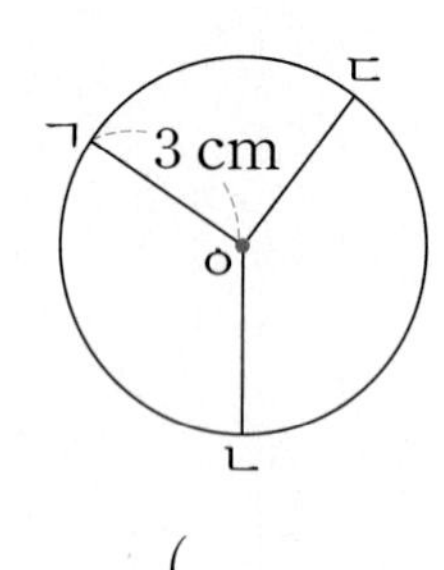

( )

중요 **3** 잘못 설명한 사람을 찾아 이름을 써 보세요.

- 준희: 한 원에서 원의 중심은 1개야.
- 성범: 원의 지름은 원 위의 두 점을 지나는 선분 중에서 가장 길어.
- 용규: 한 원에서 반지름은 2개야.
- 지원: 한 원에서 원의 지름은 반지름의 2배이지.

( )

4 점 ㄴ이 원의 중심이고 선분 ㄴㄷ이 원의 반지름인 원을 그려 보세요.

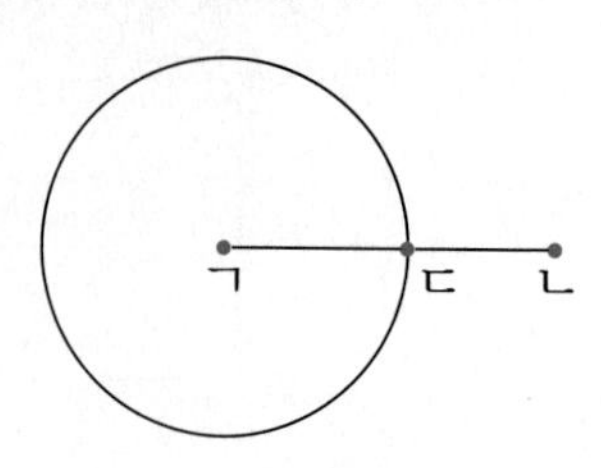

5 원의 반지름은 같고 원의 중심을 옮겨 가며 그린 것을 찾아 기호를 써 보세요.

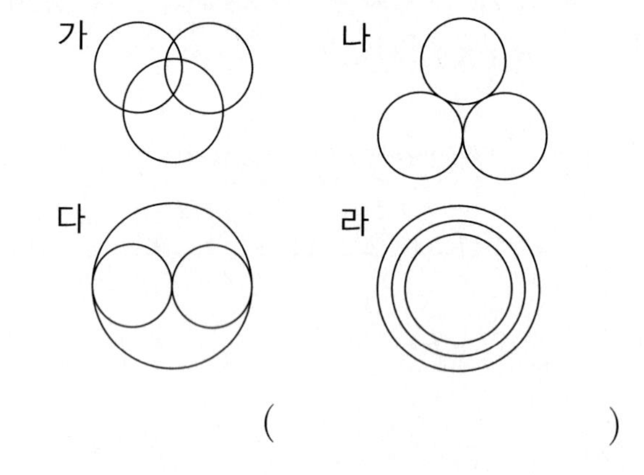

( )

6 그림과 같이 정사각형 안에 반지름이 7 cm인 원을 그렸습니다. 정사각형의 네 변의 길이의 합은 몇 cm일까요?

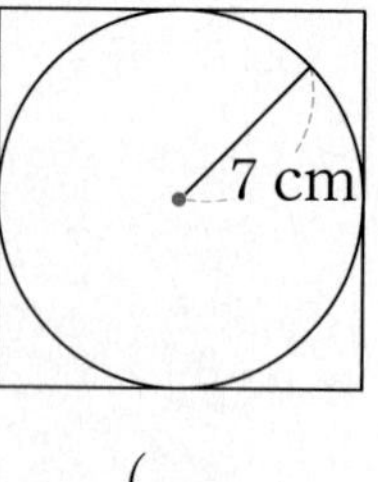

( )

7 반지름이 4 cm인 원 2개를 원의 중심이 지나도록 겹쳐서 그렸습니다. 선분 ㄱㄴ의 길이는 몇 cm일까요?

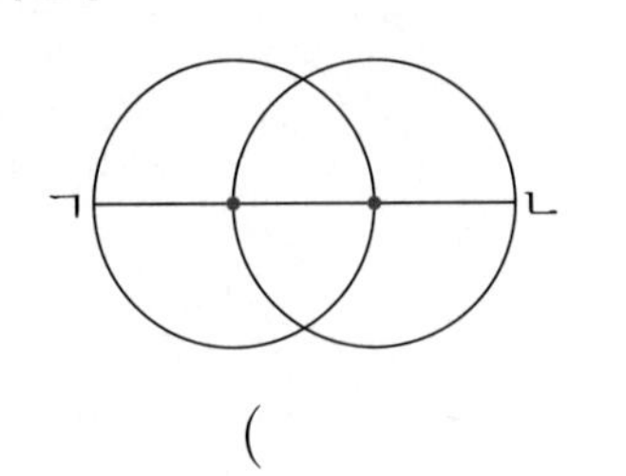

( )

8 작은 원의 반지름은 몇 cm일까요?

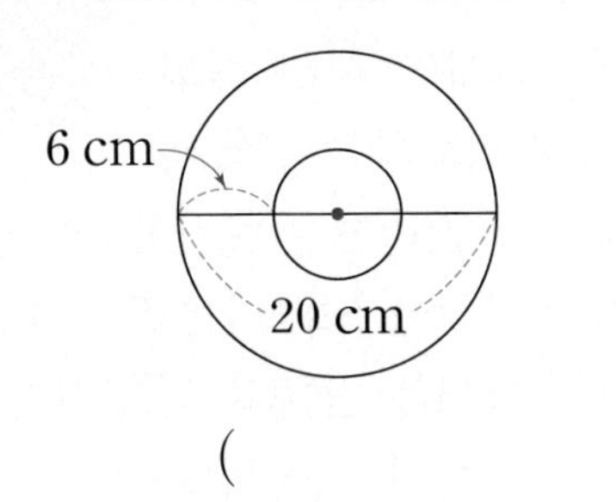

( )

중요 **9** 점 ㄱ, 점 ㄴ은 원의 중심입니다. 선분 ㄱㄴ의 길이는 몇 cm일까요?

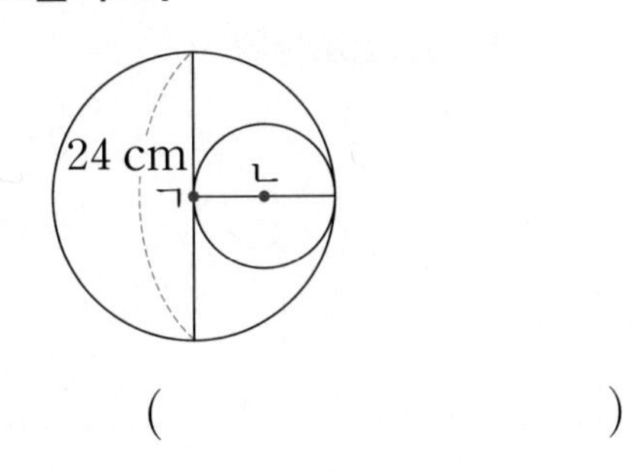

( )

10 가장 작은 원의 지름은 몇 cm일까요?

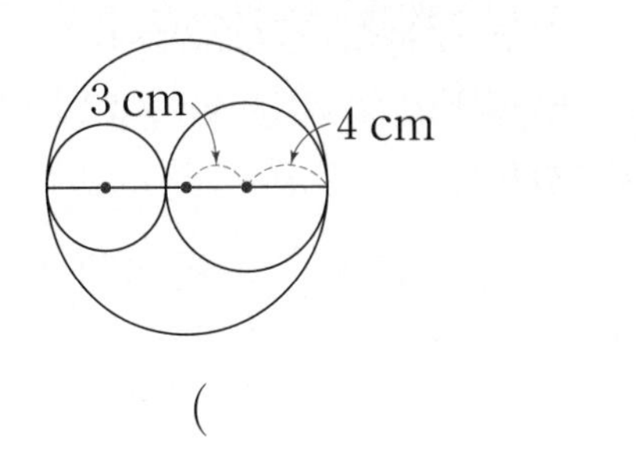

( )

11 선분 ㄱㄴ의 길이는 몇 cm일까요?

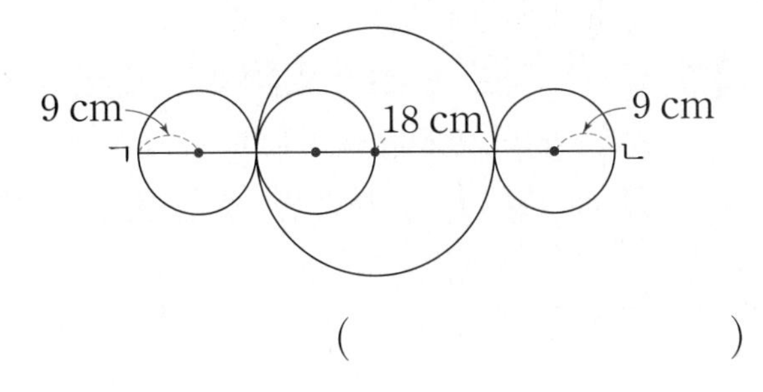

( )

12 반지름이 5 cm인 원 10개를 그림과 같이 원의 중심이 지나도록 겹쳐서 그렸습니다. □ 안에 알맞은 수를 써넣으세요.

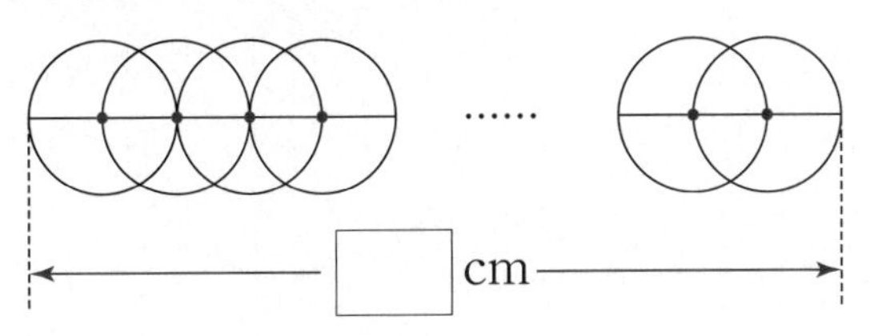

13 지민이는 화장실 벽에 있는 타일에서 그림과 같은 무늬를 발견했습니다. 이 모양을 그리려면 컴퍼스의 침을 꽂아야 할 곳은 모두 몇 군데일까요?

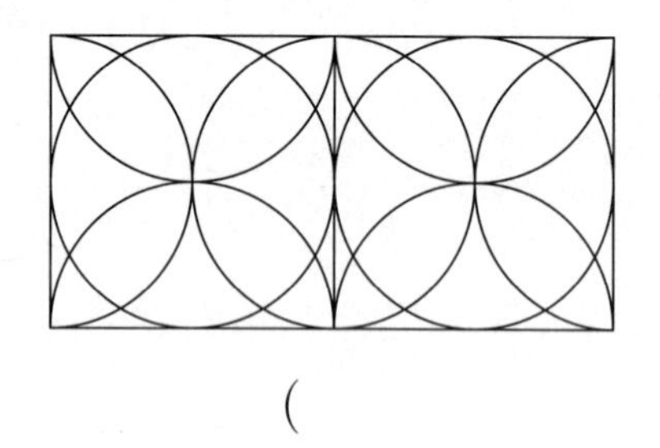

( )

14 크기가 다른 두 원이 있습니다. ㉮ 원의 반지름은 ㉯ 원의 반지름의 3배입니다. ㉮ 원의 지름이 72 cm일 때, ㉯ 원의 반지름은 몇 cm일까요?

( )

15 그림과 같이 큰 원 안에 크기가 같은 작은 원 4개를 맞닿게 그렸습니다. 큰 원의 반지름은 몇 cm일까요?

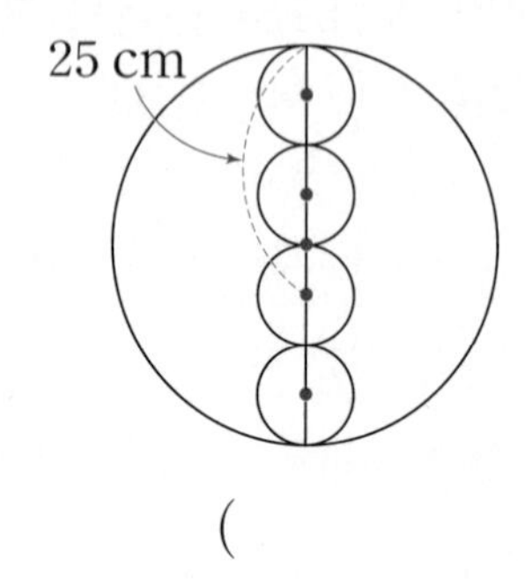

( )

중요

16 점 ㄴ, 점 ㄷ은 원의 중심입니다. 삼각형 ㄱㄴㄷ의 세 변의 길이의 합이 220 cm일 때 작은 원의 반지름은 몇 cm일까요?

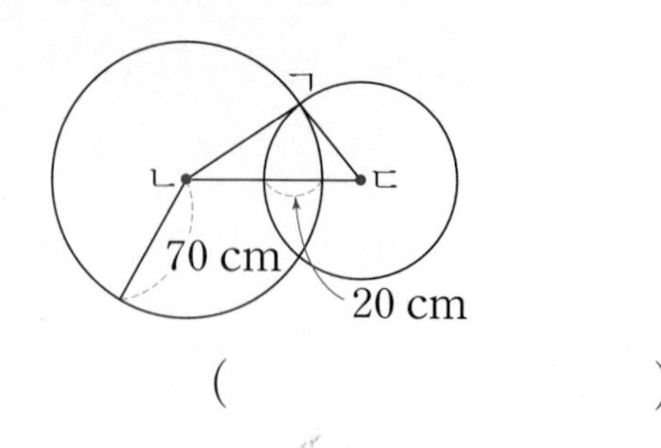

( )

창의·융합 수학+미술

17 수막새는 목조 건축 지붕의 기왓골 끝에 사용되었던 기와로 연꽃 문양, 도깨비, 사람 얼굴 등 무늬를 새겨 넣었습니다. 규민이는 가로가 60 cm, 세로가 40 cm인 직사각형 모양의 점토판에 반지름이 5 cm인 수막새를 만들려고 합니다. 수막새를 몇 개까지 만들 수 있을까요?

( )

18 크기가 같은 원 4개를 이용하여 그림과 같은 모양을 만들었습니다. 사각형 ㄱㄴㄷㄹ의 네 변의 길이의 합이 24 cm일 때 원의 반지름은 몇 cm일까요?

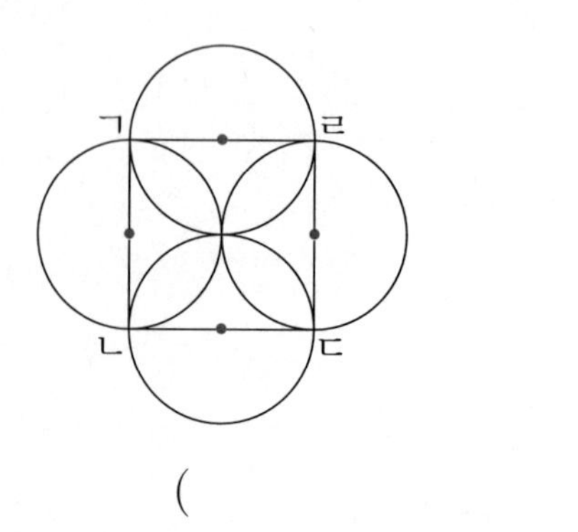

( )

19 오른쪽 그림에서 삼각형 ㄱㄴㄷ의 세 변의 길이의 합은 16 cm입니다. 이 원의 지름은 몇 cm인지 풀이 과정을 쓰고 답을 구해 보세요.

6 cm, ㄱ, ㄴ, ㄷ

풀이

답

20 오른쪽 모양과 똑같이 그리려면 큰 원을 그리기 위해 컴퍼스를 16 cm가 되도록 벌려야 합니다. 선분 ㄱㄴ을 지름으로 하는 원의 반지름은 몇 cm인지 풀이 과정을 쓰고 답을 구해 보세요.

ㄱ, ㄹ, ㄴ, ㄷ

풀이

답

21 직사각형 안에 크기가 같은 원 3개를 맞닿게 그렸습니다. 직사각형의 네 변의 길이의 합은 몇 cm인지 풀이 과정을 쓰고 답을 구해 보세요.

7 cm

풀이

답

정답과 해설 15쪽

22 반지름이 5 cm인 원을 겹치지 않게 그림과 같이 그렸습니다. 파란색 선의 길이는 몇 cm인지 풀이 과정을 쓰고 답을 구해 보세요.

풀이

답

23 크기가 같은 원 3개를 원의 중심이 서로 지나도록 겹쳐서 그리고 세 원의 중심을 이어 삼각형 ㄱㄴㄷ을 만들었습니다. 삼각형 ㄱㄴㄷ의 세 변의 길이의 합은 몇 cm인지 풀이 과정을 쓰고 답을 구해 보세요.

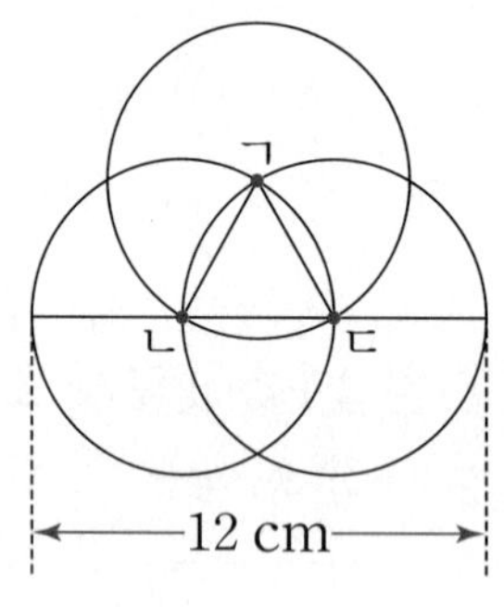

풀이

답

4

분수

분수

1 분수로 나타내기

8을 2씩 묶으면 4묶음이 됩니다. 2는 8의 $\frac{1}{4}$입니다.

2 분수만큼은 얼마인지 알아보기

- 12의 $\frac{1}{6}$은 2입니다. ⇨ $12 \div 6 = 2$

  ($\frac{1}{6}$이 3, $\times 3$)

- 12의 $\frac{3}{6}$은 6입니다. ⇨ $2 \times 3 = 6$

3 여러 가지 분수 알아보기

- 진분수: $\frac{1}{5}$, $\frac{2}{5}$, $\frac{3}{5}$, $\frac{4}{5}$와 같이 분자가 분모보다 작은 분수 (1보다 작은 분수)
- 가분수: $\frac{5}{5}$, $\frac{6}{5}$과 같이 분자가 분모와 같거나 분모보다 큰 분수 (1과 같거나 1보다 큰 분수)
- 자연수: 1, 2, 3과 같은 수
- 대분수: $1\frac{1}{5}$과 같이 자연수와 진분수로 이루어진 분수 → 1보다 큰 수

진분수: $\frac{1}{5}$, $\frac{2}{5}$, $\frac{3}{5}$, $\frac{4}{5}$

가분수: $\frac{5}{5}$, $\frac{6}{5}$, $\frac{7}{5}$, $\frac{8}{5}$, $\frac{9}{5}$, $\frac{10}{5}$

0, 1 (자연수), $1\frac{1}{5}$, $1\frac{2}{5}$, $1\frac{3}{5}$, $1\frac{4}{5}$ (대분수), 2 (자연수)

4 분모가 같은 분수의 크기 비교하기

예 $1\frac{2}{7}$와 $\frac{8}{7}$의 크기 비교

방법 1 대분수를 가분수로 나타내어 크기 비교하기

$1\frac{2}{7} = \frac{9}{7}$이므로 $\frac{9}{7} > \frac{8}{7}$ ⇨ $1\frac{2}{7} > \frac{8}{7}$입니다.

방법 2 가분수를 대분수로 나타내어 크기 비교하기

$\frac{8}{7} = 1\frac{1}{7}$이므로 $1\frac{2}{7} > 1\frac{1}{7}$ ⇨ $1\frac{2}{7} > \frac{8}{7}$입니다.

다음에 배울 내용

4-2 1. 분수의 덧셈과 뺄셈

▸ 진분수의 덧셈

예 $\frac{1}{4} + \frac{2}{4}$의 계산

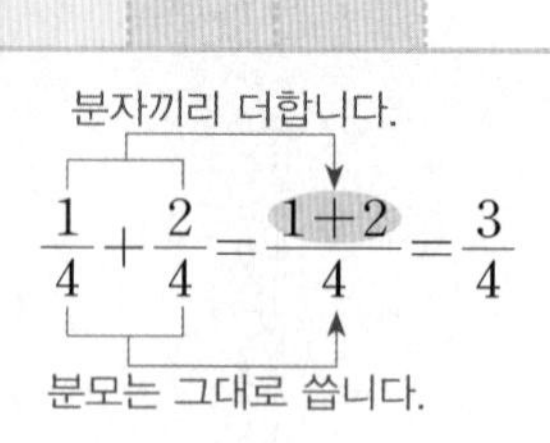

분자끼리 더합니다.

$\frac{1}{4} + \frac{2}{4} = \frac{1+2}{4} = \frac{3}{4}$

분모는 그대로 씁니다.

▸ 진분수의 뺄셈

예 $\frac{5}{7} - \frac{4}{7}$의 계산

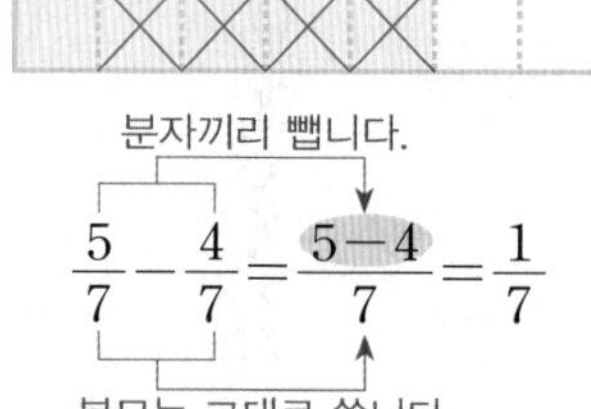

분자끼리 뺍니다.

$\frac{5}{7} - \frac{4}{7} = \frac{5-4}{7} = \frac{1}{7}$

분모는 그대로 씁니다.

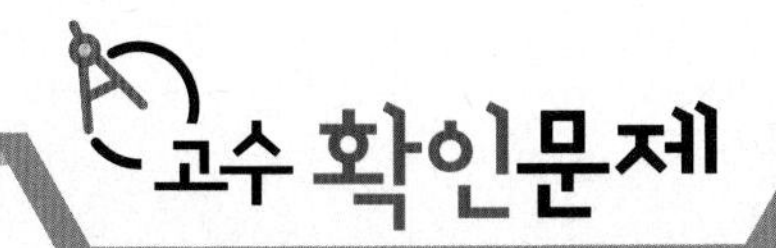

정답과 해설 16쪽

분수로 나타내기

1 **그림을 보고 □ 안에 알맞은 수를 써넣으세요.**

10을 2씩 묶으면 □묶음이 됩니다.

4는 10의 $\frac{□}{□}$입니다.

분수만큼은 얼마인지 알아보기

2 **그림을 보고 □ 안에 알맞은 수를 써넣으세요.**

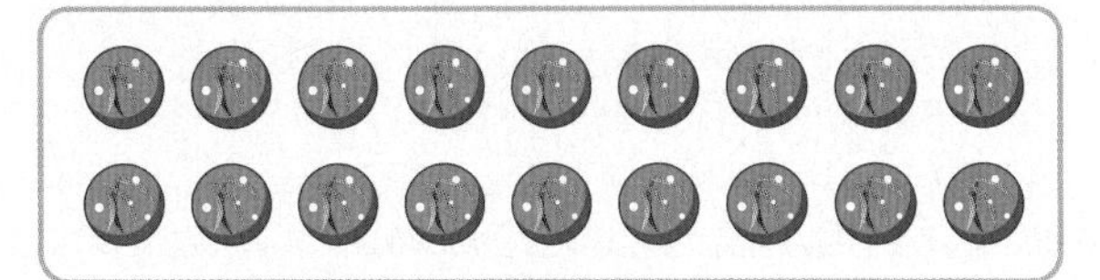

(1) 18의 $\frac{1}{3}$은 □입니다.

(2) 18의 $\frac{1}{6}$은 □입니다.

(3) 18의 $\frac{5}{6}$는 □입니다.

분수만큼은 얼마인지 알아보기

3 1시간의 $\frac{3}{4}$은 몇 분일까요?

(　　　　　　)

여러 가지 분수 알아보기

4 **진분수, 가분수, 대분수를 각각 찾아 써 보세요.**

$\frac{4}{5}$　$1\frac{3}{7}$　$\frac{6}{6}$　$2\frac{1}{4}$　$\frac{5}{9}$　$\frac{10}{3}$

진분수 (　　　　　　)

가분수 (　　　　　　)

대분수 (　　　　　　)

여러 가지 분수 알아보기

5 **대분수를 가분수로 바르게 나타낸 것을 찾아 기호를 써 보세요.**

㉠ $1\frac{4}{7}=\frac{12}{7}$　㉡ $3\frac{1}{5}=\frac{15}{5}$

㉢ $2\frac{9}{10}=\frac{92}{10}$　㉣ $5\frac{3}{9}=\frac{48}{9}$

(　　　　　　)

분모가 같은 분수의 크기 비교하기

6 **연희는 오늘 $\frac{13}{12}$시간 동안 국어 공부를 하고, $1\frac{5}{12}$시간 동안 수학 공부를 했습니다. 연희가 더 오래 공부한 과목은 무엇일까요?**

(　　　　　　)

STEP 1 고수 대표유형문제

1 분수로 나타내기

대표문제 장미 21송이를 7송이씩 묶어 보고, 14는 21의 몇 분의 몇인지 구해 보세요.

(　　　　　　　)

| 풀이 |

[1단계] 21을 7씩 묶어 보기	21을 7씩 묶으면 □묶음이 됩니다.
[2단계] 14는 21의 몇 분의 몇인지 구하기	14는 □묶음 중 □묶음이므로 14는 21의 $\frac{□}{□}$입니다.

유제 1 사탕 16개를 2개씩 묶었습니다. □ 안에 알맞은 수를 써넣으세요.

10은 16의 $\frac{□}{□}$이고, 6은 16의 $\frac{□}{□}$입니다.

유제 2 ㉠+㉡의 값을 구해 보세요.

- 32를 4씩 묶으면 20은 32의 $\frac{5}{㉠}$입니다.
- 40을 8씩 묶으면 24는 40의 $\frac{㉡}{5}$입니다.

(　　　　　　　)

2 ■의 $\frac{▲}{●}$만큼을 알고 남은 수 구하기

대표문제 수아는 미술 작품을 만드는 데 길이가 50 cm인 리본의 $\frac{3}{5}$을 사용했습니다. 남은 리본의 길이는 몇 cm일까요?

(　　　　　　　)

| 풀이 |

단계	풀이
[1단계] 사용한 리본의 길이 구하기	50 cm의 $\frac{3}{5}$은 50 cm를 똑같이 5로 나눈 것 중의 □입니다. 50 cm를 똑같이 5로 나눈 것 중의 1은 $50 \div 5 =$ □ (cm)이므로 사용한 리본의 길이는 □ $\times 3 =$ □ (cm)입니다.
[2단계] 남은 리본의 길이 구하기	사용한 리본의 길이가 □ cm이므로 남은 리본의 길이는 $50 -$ □ $=$ □ (cm)입니다.

유제 3 두리는 전체 쪽수가 81쪽인 위인전을 읽으려고 합니다. 지금까지 전체의 $\frac{7}{9}$을 읽었다면 몇 쪽을 더 읽어야 다 읽을 수 있을까요?

(　　　　　　　)

Up 유제 4 현석이네 반 학생 32명 중에서 $\frac{1}{4}$은 자전거를 타고 학교에 등교하고, 나머지 학생의 $\frac{2}{3}$는 도보로 학교에 등교합니다. 학교에 도보로 등교하는 학생은 몇 명일까요?

(　　　　　　　)

3 전체의 수 구하기

대표문제 ㉠+㉡의 값은 얼마일까요?

- ㉠의 $\frac{2}{7}$는 8입니다.
- ㉡의 $\frac{5}{6}$는 40입니다.

( )

| 풀이 |

[1단계] ㉠의 값 구하기	㉠의 $\frac{2}{7}$가 8이므로 ㉠의 $\frac{1}{7}$은 $8\div2=\square$입니다. ⇨ ㉠$=\square\times7=\square$입니다.
[2단계] ㉡의 값 구하기	㉡의 $\frac{5}{6}$가 40이므로 ㉡의 $\frac{1}{6}$은 $40\div5=\square$입니다. ⇨ ㉡$=\square\times6=\square$입니다.
[3단계] ㉠+㉡의 값 구하기	㉠+㉡$=\square+\square=\square$입니다.

유제 5 기하가 가지고 있는 구슬 중에서 빨간색 구슬은 전체의 $\frac{4}{9}$로 20개입니다. 기하가 가지고 있는 구슬은 모두 몇 개일까요?

( )

어떤 수의 $\frac{3}{5}$은 18입니다. 어떤 수의 $\frac{2}{3}$는 얼마일까요?

( )

4 수 카드로 만들 수 있는 분수 구하기

대표 문제 수 카드 3장이 있습니다. 이 중에서 2장을 사용하여 만들 수 있는 가분수는 모두 몇 개일까요?

2 3 6

(   )

| 풀이 |

단계	풀이
[1 단계] 분모가 2인 가분수 만들기	분모가 2인 가분수를 만들면 $\frac{\square}{2}$, $\frac{\square}{2}$입니다.
[2 단계] 분모가 3인 가분수 만들기	분모가 3인 가분수를 만들면 $\frac{\square}{3}$입니다.
[3 단계] 분모가 6인 가분수 만들기	분모가 6인 가분수는 만들 수 (있습니다 , 없습니다).
[4 단계] 만들 수 있는 가분수의 개수 구하기	만들 수 있는 가분수는 모두 □개입니다.

유제 7 수 카드 4장이 있습니다. 이 중에서 2장을 사용하여 만들 수 있는 진분수는 모두 몇 개일까요?

1 3 5 8

(   )

유제 8 수 카드 4장이 있습니다. 이 중에서 3장을 사용하여 만들 수 있는 대분수는 모두 몇 개일까요?

3 5 8 9

(   )

5 조건을 모두 만족하는 분수 구하기

대표 문제 조건을 모두 만족하는 분수를 구해 보세요.

- 가분수입니다.
- 분모와 분자의 합은 9입니다.
- 분모와 분자의 차는 3입니다.

( )

| 풀이 |

[1단계] 분모와 분자의 합이 9인 가분수 구하기	분모와 분자의 합이 9인 가분수는 $\frac{8}{1}$, $\frac{\square}{2}$, $\frac{\square}{3}$, $\frac{\square}{4}$입니다.
[2단계] 분모와 분자의 차가 3인 분수 구하기	이 중에서 분모와 분자의 차가 3이 되는 분수는 $\frac{\square}{\square}$입니다.
[3단계] 조건을 모두 만족하는 분수 구하기	조건을 모두 만족하는 분수는 $\frac{\square}{\square}$입니다.

유제 9 조건을 모두 만족하는 분수를 구해 보세요.

- 진분수입니다.
- 분모와 분자의 차는 2입니다.
- 분모와 분자의 합은 12입니다.

( )

유제 10 조건을 모두 만족하는 분수를 모두 구해 보세요.

- 자연수 부분이 4인 대분수입니다.
- 분모와 분자의 합은 5입니다.

( )

6 가분수와 대분수의 관계 이용하기

대표 문제 분자가 8이고 자연수 부분이 3인 대분수 중에서 가장 큰 대분수를 찾아 가분수로 나타내어 보세요.

( )

| 풀이 |

[1단계] 조건을 만족하는 대분수 구하기	분자가 8이고 자연수 부분이 3인 대분수는 $\square\frac{\square}{■}$입니다. 진분수에서 분모와 분자의 차가 (작을수록 , 클수록) 큰 분수이므로 분자가 8인 진분수 부분이 가장 큰 수가 되려면 ■는 분자보다 1 큰 수인 $\square$이어야 합니다. 따라서 가장 큰 대분수는 $\square\frac{\square}{\square}$입니다.
[2단계] 대분수를 가분수로 나타내기	대분수 $\square\frac{\square}{\square}$을 가분수로 나타내면 $\frac{\square}{\square}$입니다.

유제 11 2와 3 사이에 있는 분수 중에서 분모가 13인 가장 큰 대분수를 가분수로 나타내어 보세요.

( )

유제 12 4와 5 사이에 있는 분수 중에서 분자가 11인 가장 큰 대분수를 가분수로 나타내어 보세요.

( )

7 □ 안에 들어갈 수 있는 수 구하기

대표문제 ■에 들어갈 수 있는 수는 모두 몇 개일까요?

$$\frac{15}{16}<\frac{■}{16}<1\frac{9}{16}$$

(　　　　　　　)

| 풀이 |

[1단계] 대분수를 가분수로 나타내기	대분수 $1\frac{9}{16}$를 가분수로 나타내면 $\frac{□}{16}$입니다.
[2단계] 분자의 크기 비교하기	대분수를 가분수로 나타낸 $\frac{15}{16}<\frac{■}{16}<\frac{□}{16}$에서 분자의 크기를 비교하면 □<■<□입니다.
[3단계] ■에 들어갈 수 있는 수의 개수 구하기	■에 들어갈 수 있는 수를 작은 수부터 차례로 써 보면 □, □ …… 23, 24이므로 모두 □개입니다.

유제 13 □ 안에 들어갈 수 있는 수 중에서 가장 큰 수를 구해 보세요.

$$\frac{15}{11}>1\frac{□}{11}$$

(　　　　　　　)

유제 14 □ 안에 들어갈 수 있는 수들의 합을 구해 보세요.

$$□\frac{5}{8}<\frac{43}{8}$$

(　　　　　　　)

정답과 해설 18쪽

1 모양 조각 ▲ 6개로 ⬡을 완전히 덮을 수 있습니다. ▲으로 $1\frac{5}{6}$를 그림으로 나타낸 뒤 가분수로 나타내어 보세요.

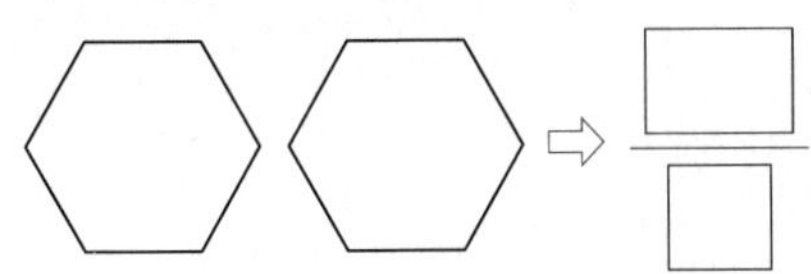

중요 **2** 분모가 31인 진분수는 모두 몇 개일까요?

( )

3 ★에 들어갈 수 있는 분수를 모두 찾아 기호를 써 보세요.

21은 63의 ★입니다.

㉠ $\frac{1}{3}$ ㉡ $\frac{4}{7}$ ㉢ $\frac{5}{8}$ ㉣ $\frac{3}{9}$

( )

4 태우는 매일 $\frac{1}{2}$시간씩 책을 읽습니다. 태우가 10월 한 달 동안 책을 읽는 시간은 모두 몇 시간인지 대분수로 나타내어 보세요.

( )

5 사탕 160개를 다음과 같이 나누어 가졌습니다. 가장 많이 가진 사람은 누구이고 몇 개를 가졌을까요?

( ), ( )

6 아몬드를 승기는 20개의 $\frac{4}{5}$를 먹었고, 연수는 42개의 $\frac{2}{7}$를 먹었습니다. 두 사람이 먹은 아몬드는 모두 몇 개일까요?

( )

7 서율이가 그린 직사각형 모양의 태극기입니다. 세로가 가로의 $\frac{3}{5}$일 때, 태극기의 네 변의 길이의 합은 몇 cm일까요?

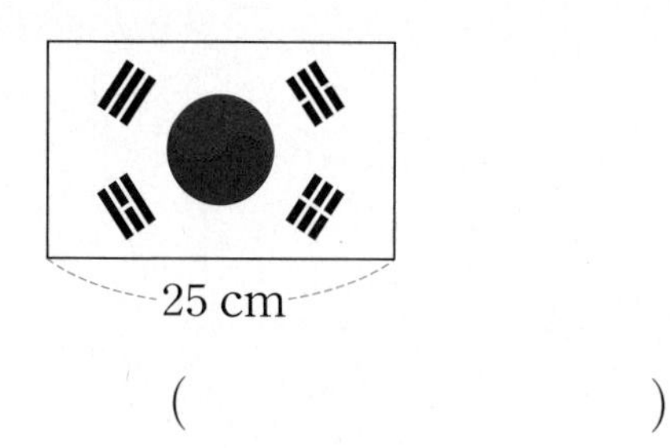

(　　　　　　　　)

8 초콜릿이 한 상자에 28개씩 2상자 있습니다. 그중에서 $\frac{5}{7}$를 먹고 나머지는 동생에게 주었습니다. 동생에게 준 초콜릿은 몇 개일까요?

(　　　　　　　　)

중요

9 수 카드 4, 5, 6이 각각 2장씩 있습니다. 이 중에서 2장을 사용하여 만들 수 있는 가분수를 모두 써 보세요.

(　　　　　　　　)

10 ▲가 30보다 크고 40보다 작은 수일 때 □ 안에 공통으로 들어갈 수 있는 수를 구해 보세요.

$$\frac{▲}{7}=□\frac{□}{7}$$

(　　　　　　　　)

11 민준이는 토요일 하루의 $\frac{1}{3}$은 잠을 자고, $\frac{1}{8}$은 공부를 했습니다. 토요일에 잠을 자거나 공부를 하고 남은 시간은 몇 시간일까요?

(　　　　　　　　)

12 과자를 만들 때 필요한 재료가 다음과 같습니다. 1 큰 술의 $\frac{1}{3}$이 1 작은 술의 양과 같을 때 박력분과 설탕 중에서 어느 재료가 더 많이 필요할까요?

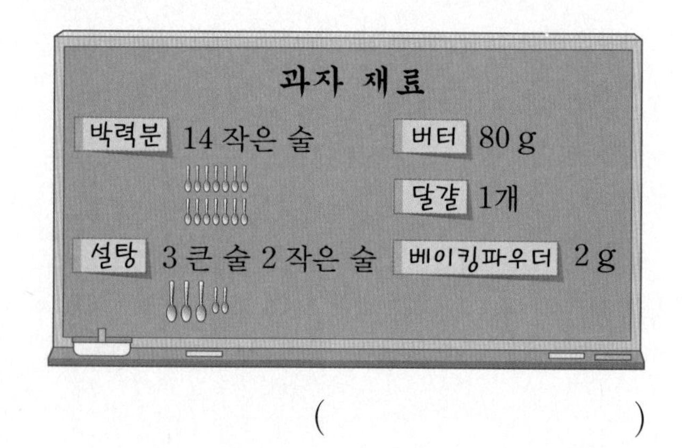

(　　　　　　　　)

중요
13 어떤 수의 $\frac{1}{6}$은 12입니다. 어떤 수의 $1\frac{2}{3}$는 얼마인지 구해 보세요.

(　　　　　　　)

14 1부터 9까지의 수 카드가 2장씩 있습니다. 수 카드를 사용하여 분모가 8인 대분수를 만들었을 때 $\frac{21}{8}$보다 작은 대분수는 모두 몇 개일까요?

(　　　　　　　)

15 주희는 요리 실습 시간에 빵 만들기를 했습니다. 빵을 만들기 위해 필요한 밀가루는 $\frac{49}{13}$컵보다 많고 4컵보다 적은 양입니다. 밀가루의 양이 될 수 있는 경우를 모두 대분수로 나타내어 보세요.

(　　　　　　　)

16 분모와 분자의 합이 54이고, 분자가 분모의 5배인 가분수를 구해 보세요.

(　　　　　　　)

17 두 분수의 크기는 같습니다. ㉠이 20보다 크고 40보다 작은 수일 때 ㉡이 될 수 있는 수를 모두 구해 보세요.

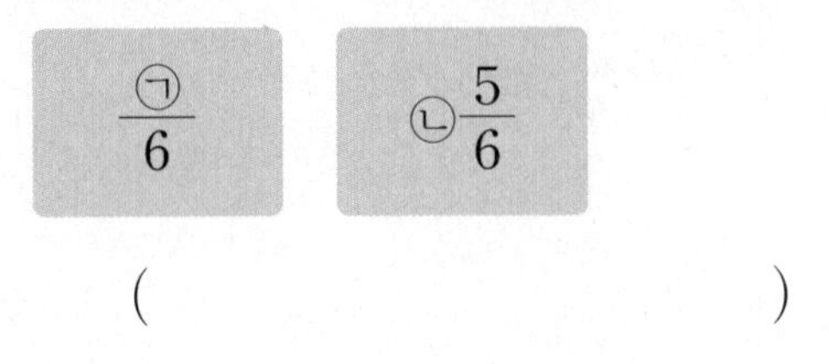

(　　　　　　　)

18 색 테이프를 두 도막으로 나누었습니다. 긴 도막의 길이는 전체의 $\frac{3}{5}$이고, 짧은 도막의 길이는 30 cm입니다. 긴 도막의 길이는 몇 cm일까요?

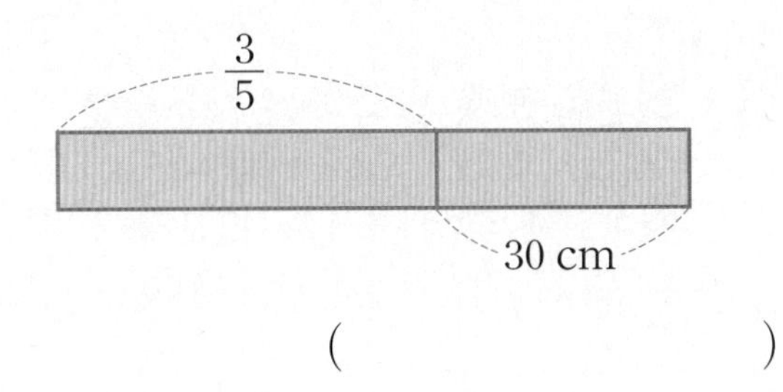

(　　　　　　　)

고수 비법

1 ㉢ 모양을 1이라고 할 때 ㉠ 모양은 ㉢ 모양의 $\frac{1}{8}$이고, ㉡ 모양은 ㉢ 모양의 $\frac{1}{4}$입니다. 다음 모양의 크기를 대분수로 나타내어 보세요.

주어진 그림을 ㉠ 모양으로 나누어 봅니다.

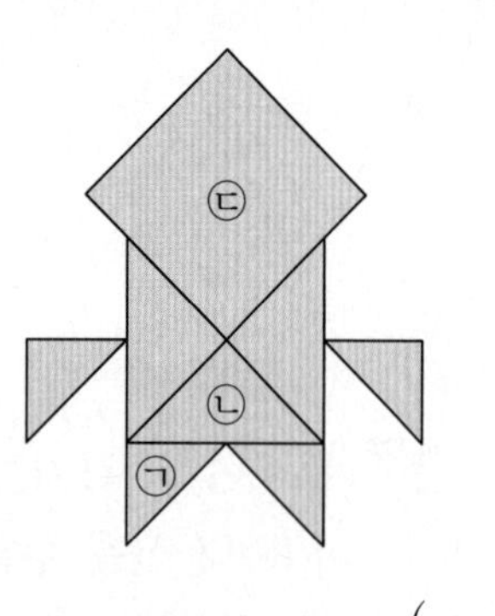

(　　　　　　　　　　)

2 다음과 같이 규칙에 따라 분수를 늘어놓았습니다. 21번째에 놓이는 분수를 구해 보세요.

대분수와 자연수를 모두 가분수로 나타낸 후 규칙을 찾아봅니다.

$\frac{2}{5}$, $\frac{4}{5}$, $1\frac{1}{5}$, $1\frac{3}{5}$, 2, $2\frac{2}{5}$……

(　　　　　　　　　　)

3 조건을 모두 만족하는 가분수를 대분수로 나타내어 보세요.

분자와 분모의 합이 10인 경우에서 분자와 분모의 차가 4인 경우를 찾아봅니다.

- (분자)+(분모)=10
- (분자)−(분모)=4

(　　　　　　　　　　)

경시 문제 맛보기

4 떨어뜨린 높이의 $\frac{4}{5}$만큼 튀어 오르는 공이 있습니다. 이 공을 25 m 높이에서 떨어뜨린다고 할 때 두 번째로 튀어 오른 공의 높이는 몇 m일까요?

( )

고수 비법

두 번째로 튀어 오른 높이는 첫 번째로 튀어 오른 높이의 $\frac{4}{5}$입니다.

경시 문제 맛보기

5 예슬이네 학교의 여학생 수는 전체의 $\frac{6}{11}$이고 남학생 수보다 20명 더 많다고 합니다. 예슬이네 학교의 전체 학생은 몇 명일까요?

( )

남학생 수는 전체의 몇 분의 몇인지 알아본 다음 여학생과 남학생 수의 차를 이용하여 구합니다.

창의·융합 UP

6 수학+과학

태양에서 행성까지의 거리는 매우 멀어서 서로 어느 정도 차이가 나는지 비교하기 어렵습니다. 그래서 과학자들은 태양에서 지구까지의 거리를 1이라 하고 태양에서 행성까지의 상대적인 거리를 다음과 같이 나타내어 비교합니다. 태양에서 행성까지 상대적인 거리가 세 번째로 먼 행성은 어느 것일까요?

행성	지구	천왕성	화성	목성	금성	토성
상대적인 거리	1	$19\frac{2}{10}$	$1\frac{2}{10}$	$\frac{54}{10}$	$\frac{7}{10}$	$\frac{95}{10}$

( )

대분수를 가분수로 나타내거나 가분수를 대분수로 나타내어 분수의 크기를 비교해 봅니다.

1 분수를 수직선에 ↑로 나타내어 보세요.

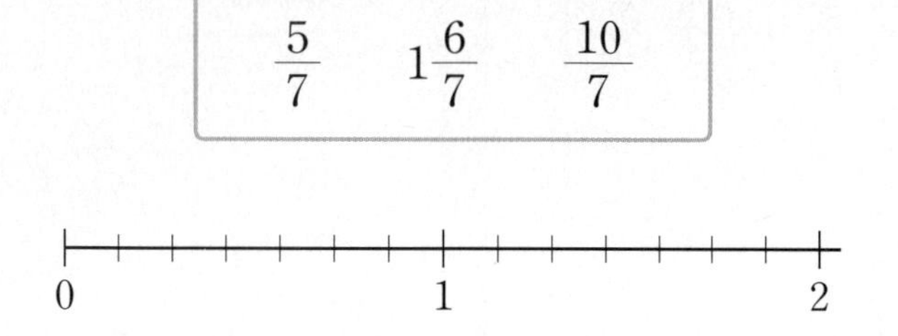

2 대분수인 칸을 모두 색칠한다면 어떤 알파벳이 나타날까요?

$\frac{3}{4}$	$1\frac{1}{4}$	$\frac{7}{7}$	$3\frac{1}{2}$	$\frac{19}{10}$
$\frac{4}{15}$	$2\frac{3}{5}$	$6\frac{1}{8}$	$5\frac{5}{6}$	$\frac{2}{9}$
$\frac{9}{2}$	$4\frac{2}{3}$	$\frac{5}{8}$	$2\frac{4}{7}$	$\frac{8}{3}$

( )

3 관계있는 것끼리 선으로 이어 보세요.

$1\frac{3}{9}$ •	• $\frac{19}{9}$
$1\frac{6}{9}$ •	• $\frac{12}{9}$
$2\frac{1}{9}$ •	• $\frac{15}{9}$

4 사다리를 타고 내려가 도착한 곳이 참이면 ○표, 거짓이면 ×표 하세요.

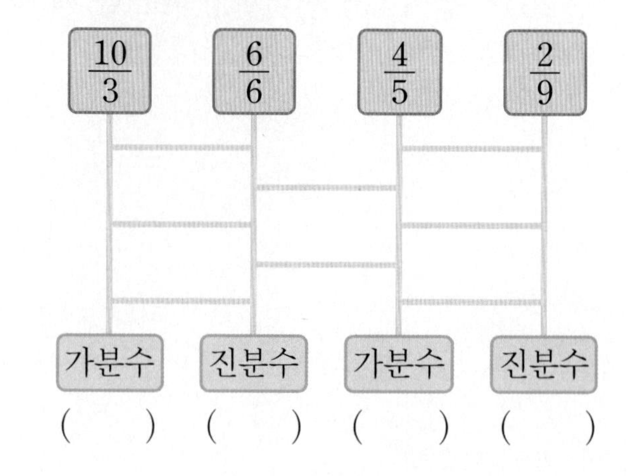

( ) ( ) ( ) ( )

중요 **5** $\frac{\square}{8}$는 가분수입니다. □ 안에 들어갈 수 있는 가장 작은 수를 구해 보세요.

( )

6 조건을 만족하는 분수는 모두 몇 개일까요?

자연수 2보다 작으면서 분모가 6인 대분수

( )

7 수 카드를 한 번씩만 사용하여 가장 큰 대분수를 만들고 가분수로 나타내어 보세요.

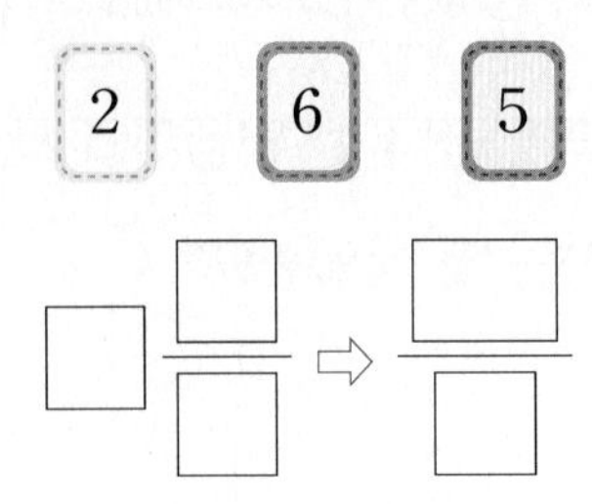

8 명수네 집에서 가까운 곳부터 차례로 써 보세요.

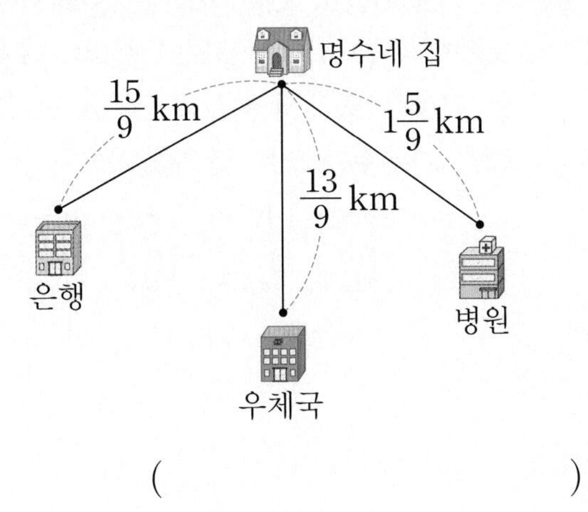

( )

9 바둑돌 10개 중에서 $\frac{2}{5}$가 흰 바둑돌입니다. 흰 바둑돌은 몇 개일까요?

( )

창의·융합 수학+과학

10 용수철은 탄성에 따라 늘어나고 줄어듭니다. 친구들이 여러 가지 물건을 달아보고 용수철이 늘어난 길이를 조사한 것입니다. 길이가 가장 길게 늘어난 사람부터 차례로 이름을 써 보세요.

이름	준오	유나	규민	원우
길이(cm)	$3\frac{1}{8}$	$\frac{30}{8}$	$1\frac{7}{8}$	$\frac{26}{8}$

( )

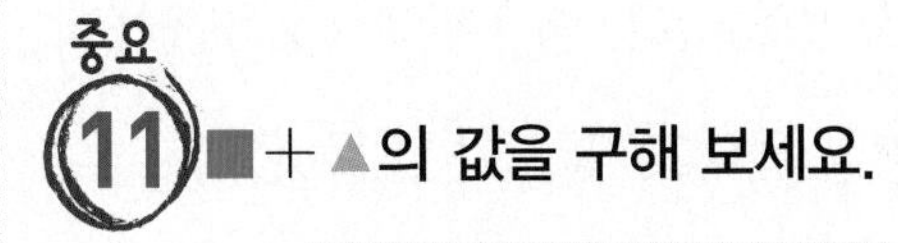

중요 **11** ■+▲의 값을 구해 보세요.

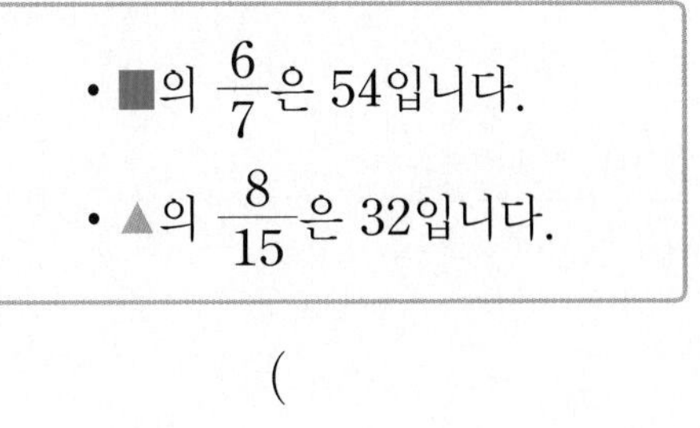

- ■의 $\frac{6}{7}$은 54입니다.
- ▲의 $\frac{8}{15}$은 32입니다.

( )

12 □ 안에 들어갈 수 있는 수는 모두 몇 개일까요?

$$2\frac{5}{9} < \frac{\square}{9} < \frac{32}{9}$$

( )

13 동화책을 윤아는 28권의 $\frac{6}{7}$을 읽었고, 민섭이는 30권의 $\frac{5}{6}$를 읽었습니다. 누가 동화책을 몇 권 더 많이 읽었을까요?

( ), ( )

14 기름이 $\frac{63}{11}$ L 있습니다. 병 1개에 1 L씩 담으면 몇 개의 병을 채우고 몇 L가 남을까요?

( ), ( )

15 지우가 귤 28개를 4개씩 봉지에 담아 몇 봉지를 친구에게 주었더니 귤이 12개 남았습니다. 지우가 친구에게 준 귤은 전체의 몇 분의 몇인지 분수로 나타내어 보세요.

( )

중요

16 탁자 위에 쿠키 27개가 있었습니다. 인성이가 그중의 $\frac{1}{3}$을 먹었고, 태현이가 남은 쿠키의 $\frac{2}{3}$를 먹었습니다. 인성이와 태현이가 먹고 남은 쿠키는 몇 개일까요?

( )

17 수 카드 6장이 있습니다. 이 중에서 2장을 사용하여 가분수를 만들려고 합니다. 만들 수 있는 가분수 중에서 분모가 2이고 크기가 4보다 작은 가분수는 모두 몇 개일까요?

( )

18 민이가 가지고 있는 사탕의 $\frac{3}{5}$은 24개입니다. 민이가 가지고 있는 사탕의 $\frac{7}{8}$은 몇 개일까요?

( )

정답과 해설 20쪽

19 연필이 1타 있습니다. 수정이가 연필의 $\frac{3}{4}$을 깎았습니다. 수정이가 깎은 연필은 몇 자루인지 풀이 과정을 쓰고 답을 구해 보세요.

풀이

답

20 수학을 승준이는 $\frac{10}{6}$시간, 규량이는 $1\frac{1}{6}$시간, 혜강이는 $\frac{5}{6}$시간, 민영이는 $1\frac{3}{6}$시간 동안 공부했습니다. 수학 공부를 가장 오래 한 사람은 누구이고 몇 분 동안 했는지 구하려고 합니다. 풀이 과정을 쓰고 답을 구해 보세요.

풀이

답 ,

21 수민이가 매일 $\frac{1}{5}$ km씩 3주일 동안 달린 거리는 모두 몇 km인지 대분수로 나타내려고 합니다. 풀이 과정을 쓰고 답을 구해 보세요.

풀이

답

22 수 카드를 한 번씩만 사용하여 분모가 7인 대분수를 만들었을 때 $\frac{18}{7}$보다 작은 대분수는 모두 몇 개인지 풀이 과정을 쓰고 답을 구해 보세요.

1 2 3 4 5 6 7 8 9

풀이

답

23 지수가 가지고 있는 붙임딱지의 $\frac{2}{5}$는 하트 모양이고, $\frac{3}{9}$은 별 모양입니다. 하트 모양의 붙임딱지가 18장일 때 별 모양의 붙임딱지는 몇 장인지 풀이 과정을 쓰고 답을 구해 보세요.

풀이

답

5

들이와 무게

들이와 무게

1 들이 비교하기

물을 직접 옮겨 담거나 모양과 크기가 같은 그릇에 부어 비교해 봅니다.

예 가 물병과 나 물병에 물을 가득 채운 후 모양과 크기가 같은 컵에 옮겨 담아 비교하기

⇨ 나 물병이 가 물병보다 컵 1개만큼 물이 더 많이 들어갑니다.

2 들이의 단위 알아보기

• 1 L, 1 mL

	1 L	1 mL
쓰기	1 L	1 mL
읽기	1 리터	1 밀리리터

⇨ 1 리터는 1000 밀리리터와 같습니다. 1 L=1000 mL

• 1 L보다 300 mL 더 많은 들이

쓰기 1 L 300 mL 읽기 1 리터 300 밀리리터

1 L 300 mL=1300 mL

3 들이의 덧셈과 뺄셈

• L는 L끼리, mL는 mL끼리 계산합니다.
• 1 L=1000 mL를 이용하여 받아올림하거나 받아내림합니다.

들이의 덧셈	들이의 뺄셈
1 3 L 500 mL +2 L 800 mL 6 L 300 mL	5 1000 ~~6~~ L 200 mL −1 L 500 mL 4 L 700 mL

다음에 배울 내용

5-1 6. 다각형의 넓이

▸ $1\ cm^2$와 $1\ m^2$ 알아보기

• 한 변이 1 cm인 정사각형의 넓이를 $1\ cm^2$라 하고, 1 제곱센티미터라고 읽습니다.

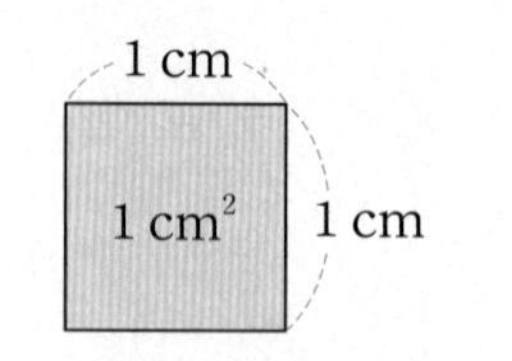

• 한 변이 1 m인 정사각형의 넓이를 $1\ m^2$라 하고, 1 제곱미터라고 읽습니다.

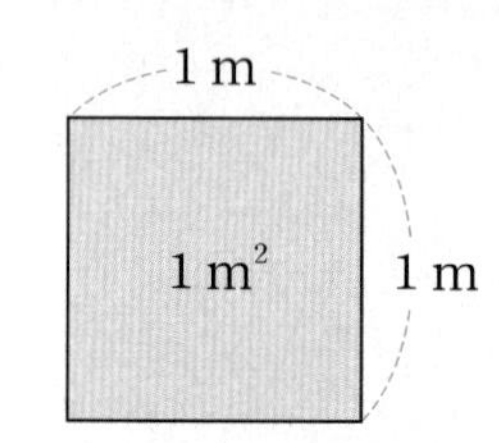

• $1\ cm^2$와 $1\ m^2$의 관계

$10000\ cm^2=1\ m^2$

4 무게 비교하기

무게를 비교할 때에는 직접 들어 보거나 저울을 사용합니다.

예 바둑돌을 단위로 물감과 지우개의 무게 비교하기

⇨ 물감이 지우개보다 바둑돌 2개만큼 더 무겁습니다.

5 무게의 단위 알아보기

• 1 kg, 1 g, 1 t

	1 kg	1 g	1 t
쓰기	1 kg	1 g	1 t
읽기	1 킬로그램	1 그램	1 톤

⇨ 1 킬로그램은 1000 그램과 같습니다. 1 kg=1000 g

⇨ 1 톤은 1000 킬로그램과 같습니다. 1 t=1000 kg

• 1 kg보다 300 g 더 무거운 무게

쓰기 1 kg 300 g 읽기 1 킬로그램 300 그램

1 kg 300 g=1300 g

6 무게의 덧셈과 뺄셈

• kg은 kg끼리, g은 g끼리 계산합니다.
• 1 kg=1000 g을 이용하여 받아올림하거나 받아내림합니다.

무게의 덧셈	무게의 뺄셈
1 (받아올림) 1 kg 700 g + 3 kg 900 g 5 kg 600 g	3 1000 (받아내림) 4 kg 300 g − 1 kg 400 g 2 kg 900 g

다음에 배울 내용

6-1 6. 직육면체의 겉넓이와 부피

▸ $1\ cm^3$와 $1\ m^3$ 알아보기

• 한 모서리가 1 cm인 정육면체의 부피를 $1\ cm^3$라 하고, 1 세제곱센티미터라고 읽습니다.

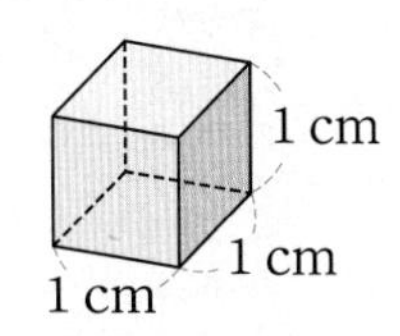

• 한 모서리가 1 m인 정육면체의 부피를 $1\ m^3$라 하고, 1 세제곱미터라고 읽습니다.

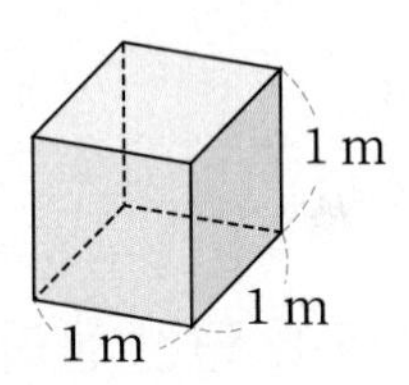

• $1\ cm^3$와 $1\ m^3$의 관계

$1000000\ cm^3 = 1\ m^3$

고수 확인문제

들이 비교하기

1 주전자와 물병에 물을 가득 채운 후 모양과 크기가 같은 그릇에 각각 옮겨 담았습니다. 주전자와 물병 중에서 어느 것의 들이가 더 많을까요?

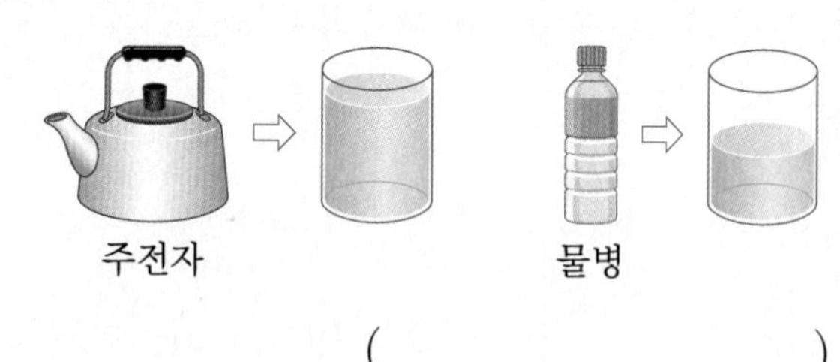

(   )

들이의 단위 알아보기

2 수조에 담긴 물의 양은 모두 몇 L 몇 mL가 되는지 쓰고 읽어 보세요.

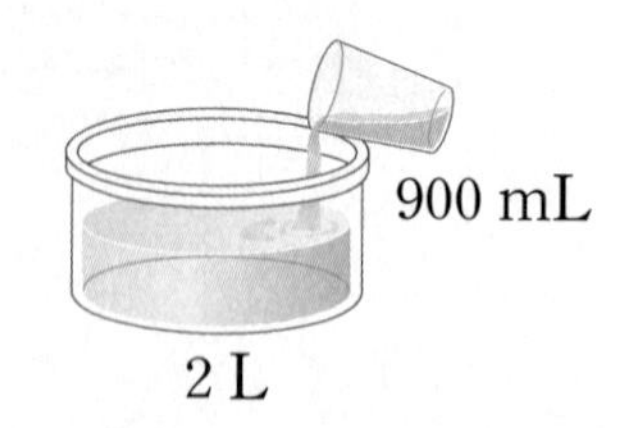

쓰기 ____________________

읽기 ____________________

들이의 단위 알아보기

3 들이가 많은 것부터 차례로 기호를 써 보세요.

㉠ 3 L 100 mL	㉡ 4 L 90 mL
㉢ 2800 mL	㉣ 3070 mL

(   )

들이 어림하기

4 들이가 3 L인 양동이를 각각 다음과 같이 어림했습니다. 양동이의 들이를 더 가깝게 어림한 사람의 이름을 써 보세요.

예림	효준
약 2 L 800 mL	약 3 L 100 mL

(   )

들이의 덧셈과 뺄셈

5 두 들이의 합과 차는 각각 몇 L 몇 mL일까요?

1200 mL　　4 L 600 mL

합 (   )

차 (   )

들이의 덧셈과 뺄셈

6 아버지께서는 약수터에서 물을 6 L 900 mL 받아 오셨습니다. 그중에서 1 L 600 mL를 마셨다면 남은 물의 양은 몇 L 몇 mL일까요?

(   )

무게 비교하기

7 저울로 오이, 당근, 양파의 무게를 비교하고 있습니다. 가장 가벼운 채소는 무엇일까요?

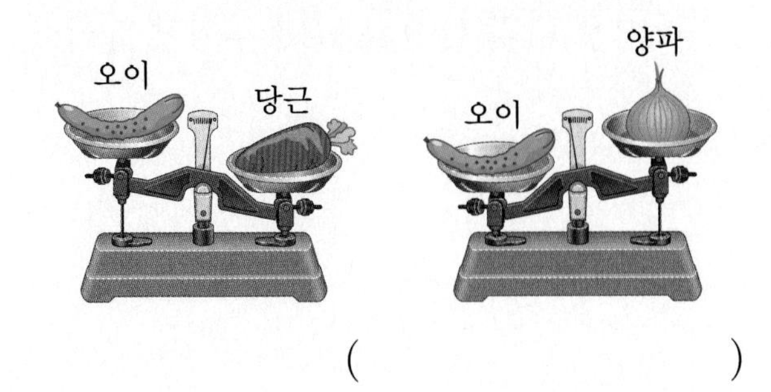

( )

무게의 단위 알아보기

8 관계있는 것끼리 선으로 이어 보세요.

4900 g •	• 4 kg 90 g
4090 g •	• 4 kg 900 g
4000 kg •	• 4 t

무게의 단위 알아보기

9 오리의 무게는 3 kg 500 g이고 토끼의 무게는 3550 g입니다. 오리와 토끼 중에서 더 무거운 동물은 무엇일까요?

( )

무게 어림하기

10 무게가 1 t보다 무거운 것을 찾아 기호를 써 보세요.

㉠ 휴대 전화 ㉡ 배추
㉢ 자동차 ㉣ 킥보드

( )

무게의 덧셈과 뺄셈

11 잘못된 곳을 찾아 바르게 계산해 보세요.

$$\begin{array}{r} 9\text{ kg}\ \ 200\text{ g} \\ -3\text{ kg}\ \ 600\text{ g} \\ \hline 6\text{ kg}\ \ 600\text{ g} \end{array} \Rightarrow \begin{array}{r} 9\text{ kg}\ \ 200\text{ g} \\ -3\text{ kg}\ \ 600\text{ g} \\ \hline \end{array}$$

무게의 덧셈과 뺄셈

12 호진이는 체험 학습에서 밤 2 kg 300 g과 도토리 1 kg 500 g을 주웠습니다. 호진이가 주운 밤과 도토리의 무게는 모두 몇 kg 몇 g일까요?

( )

STEP 1

고수

대표유형문제

1 들이 비교하기

대표문제 같은 수조에 물을 가득 채우려면 가, 나, 다 그릇으로 각각 다음과 같이 부어야 합니다. 들이가 가장 많은 그릇은 어느 것일까요?

그릇	가	나	다
부은 횟수(번)	5	4	7

( )

| 풀이 |

[1단계] 들이 비교하는 방법 알기	부은 횟수가 적을수록 그릇의 들이는 (적습니다 , 많습니다).
[2단계] 부은 횟수 비교하기	부은 횟수를 비교하면 □ < □ < □ 입니다.
[3단계] 들이가 가장 많은 그릇 구하기	들이가 많은 그릇부터 차례로 써 보면 □, □, □ 이므로 들이가 가장 많은 그릇은 □ 그릇입니다.

유제 1 모양과 크기가 같은 어항 3개에 물이 가득 들어 있습니다. 세 사람이 각자 가진 그릇으로 어항의 물을 모두 덜어 낸 횟수가 다음과 같을 때 들이가 적은 그릇을 가진 사람부터 차례로 이름을 써 보세요.

이름	영석	정호	지현
덜어 낸 횟수(번)	9	11	8

( )

유제 2 냄비와 물병에 물을 가득 채운 후 모양과 크기가 같은 컵에 각각 옮겨 담았습니다. 냄비는 12컵이고, 물병은 냄비보다 8컵 적었습니다. 냄비의 들이는 물병의 들이의 몇 배일까요?

( )

2 들이의 덧셈과 뺄셈을 이용하여 문제 해결하기

대표 문제 빨간색 페인트 5 L 300 mL와 노란색 페인트 3600 mL를 섞어 주황색 페인트를 만들었습니다. 만든 주황색 페인트는 몇 L 몇 mL일까요?

( )

| 풀이 |

단계	풀이
[1단계] 노란색 페인트의 양을 몇 L 몇 mL로 나타내기	1 L=☐mL이므로 노란색 페인트의 양은 3600 mL=☐mL+600 mL=☐L+600 mL =☐L ☐mL입니다.
[2단계] 주황색 페인트의 양 구하기	주황색 페인트의 양은 (빨간색 페인트의 양)+(노란색 페인트의 양)이므로 ☐L ☐mL+☐L ☐mL =☐L ☐mL입니다.

유제 3 식용유 4100 mL 중에서 튀김을 하는 데 1 L 200 mL를 사용했습니다. 남은 식용유는 몇 L 몇 mL일까요?

( )

유제 4 찬수는 과학 시간에 ㉮ 용액 2 L 700 mL와 ㉯ 용액 3 L 400 mL를 섞은 후 그중에서 1 L 800 mL를 사용했습니다. 남은 용액은 몇 L 몇 mL일까요?

( )

3 무게의 덧셈과 뺄셈을 이용하여 문제 해결하기

대표문제 재활용 쓰레기를 민정이네는 5 kg 300 g 모았고, 승현이네는 민정이네보다 2 kg 800 g 더 많이 모았습니다. 민정이네와 승현이네가 모은 재활용 쓰레기는 모두 몇 kg 몇 g일까요?

( )

| 풀이 |

[1단계] 승현이네가 모은 재활용 쓰레기의 무게 구하기	승현이네가 모은 재활용 쓰레기의 무게는 5 kg 300 g+☐kg ☐g=☐kg ☐g 입니다.
[2단계] 민정이네와 승현이네가 모은 재활용 쓰레기의 무게의 합 구하기	민정이네와 승현이네가 모은 재활용 쓰레기의 무게의 합은 5 kg 300 g+☐kg ☐g=☐kg ☐g 입니다.

유제 5 민주는 시장에서 체리를 4 kg 600 g 샀고, 블루베리는 체리보다 2 kg 500 g 더 적게 샀습니다. 민주가 산 체리와 블루베리는 모두 몇 kg 몇 g일까요?

( )

유제 6 유진이가 강아지를 안고 무게를 재면 42 kg 200 g이고, 고양이를 안고 무게를 재면 41 kg 600 g입니다. 고양이의 무게가 4 kg 300 g일 때 강아지의 무게는 몇 kg 몇 g일까요?

( )

4 빈 상자에 담아 무게 재기

대표 문제 무게가 같은 음료수 5병을 상자에 담아 무게를 재어 보니 3 kg 200 g이었습니다. 빈 상자의 무게가 700 g이라면 음료수 한 병의 무게는 몇 g일까요?

( )

| 풀이 |

[1단계] 음료수 5병의 무게 구하기	음료수 5병의 무게와 빈 상자의 무게의 합이 ☐ kg ☐ g이므로 음료수 5병의 무게는 ☐ kg ☐ g − ☐ g = ☐ kg ☐ g입니다.
[2단계] 음료수 한 병의 무게 구하기	음료수 5병의 무게는 ☐ kg ☐ g = ☐ g이고 ☐ g = 500 g + 500 g + 500 g + 500 g + 500 g이므로 음료수 한 병의 무게는 ☐ g입니다.

유제 7 무게가 같은 복숭아 6개를 바구니에 담은 무게와 빈 바구니의 무게를 각각 잰 것입니다. 복숭아 한 개의 무게는 몇 g일까요?

( )

유제 8 우유가 가득 들어 있는 우유병의 무게는 1 kg입니다. 우유를 $\frac{1}{2}$만큼 마시고 다시 재었더니 우유병의 무게는 610 g이었습니다. 빈 우유병의 무게는 몇 g일까요?

( )

5 저울의 수평을 이용하여 무게 구하기

대표문제 사과 한 개의 무게가 500 g일 때, 귤 한 개의 무게는 몇 g일까요? (단, 같은 과일끼리는 무게가 같습니다.)

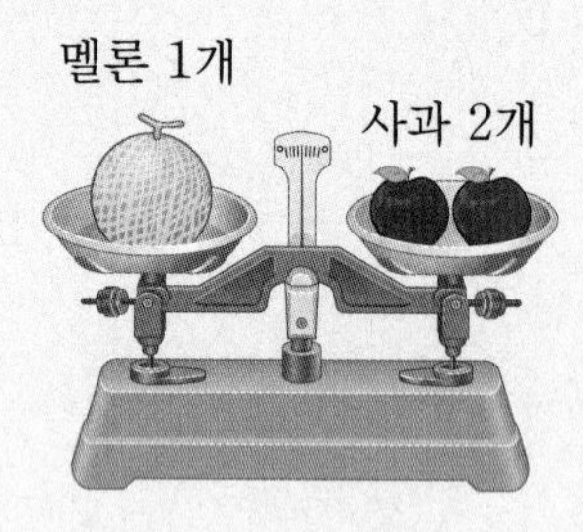

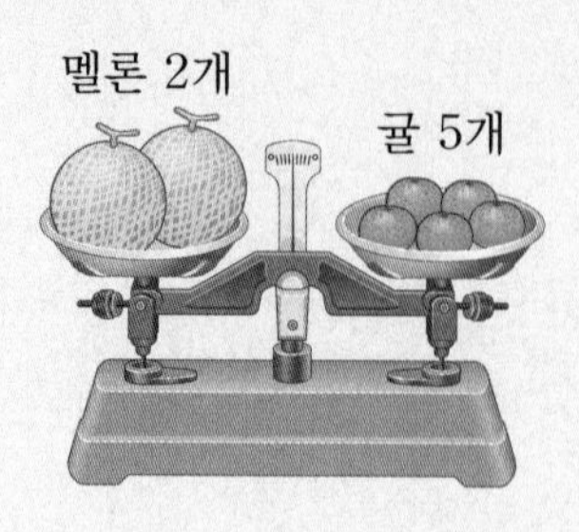

(   )

| 풀이 |

[1단계] 멜론 1개의 무게 구하기	멜론 1개의 무게와 사과 2개의 무게가 같으므로 멜론 1개의 무게는 500 g+☐g=☐g입니다.
[2단계] 귤 5개의 무게 구하기	멜론 2개의 무게와 귤 5개의 무게가 같으므로 귤 5개의 무게는 1000 g+☐g=☐g입니다.
[3단계] 귤 한 개의 무게 구하기	귤 5개의 무게는 ☐g=400 g+400 g+400 g+400 g+400 g이므로 귤 한 개의 무게는 ☐g입니다.

유제 9 추 1개의 무게가 80 g일 때, 가방의 무게는 몇 kg 몇 g일까요?

(   )

고수
실전문제

1 과학실에 있는 여러 가지 용기입니다. 눈금실린더와 삼각플라스크에 가득 담긴 물의 양을 합하면 어느 용기에 가득 담긴 물의 양과 같아질까요?

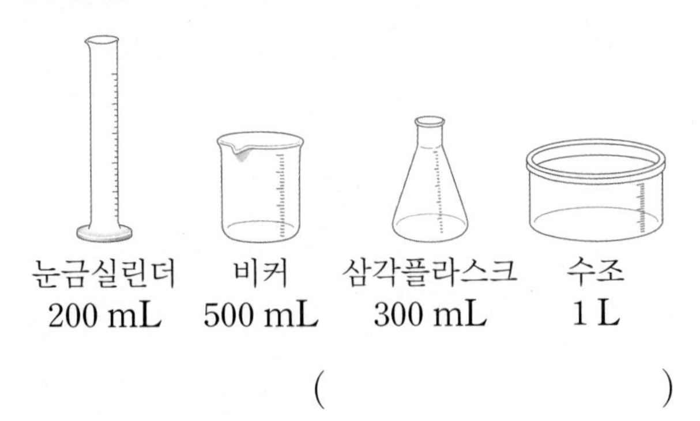

(   )

2 양동이에 물을 가득 채우려면 컵에 물을 가득 채워 12번 부어야 합니다. 들이가 컵의 2배인 주전자로 양동이에 물을 가득 채우려면 적어도 몇 번 부어야 할까요?

(   )

중요
3 냄비, 꽃병, 주전자에 물을 가득 채운 후 모양과 크기가 같은 컵에 각각 옮겨 담았더니 냄비는 7컵이고, 꽃병은 냄비보다 3컵 더 적었습니다. 주전자는 꽃병보다 2컵 더 많다면 냄비, 꽃병, 주전자 중에서 들이가 가장 많은 것은 어느 것일까요?

(   )

중요
4 준영, 지원, 두리가 가방의 무게를 어림한 것입니다. 실제 가방의 무게가 1 kg 50 g이라면 가방의 무게를 가장 가깝게 어림한 사람은 누구일까요?

(   )

5 주하네 집에 있는 물건들의 무게를 나타낸 것입니다. 가장 무거운 물건과 가장 가벼운 물건의 무게의 합은 몇 kg 몇 g일까요?

물건	무게
냉장고	97 kg 500 g
책상	14900 g
건조기	82 kg 500 g
침대	73000 g

(   )

중요
6 0부터 9까지의 수 중에서 □ 안에 들어갈 수 있는 수는 모두 몇 개일까요?

8 kg 450 g − 3 kg 900 g < 4□00 g

(   )

7 승우 어머니께서 손으로 빨래를 할 때 사용한 물의 양입니다. 세탁을 1번, 헹굼을 2번 했다면 사용한 물의 양은 모두 몇 L 몇 mL일까요?

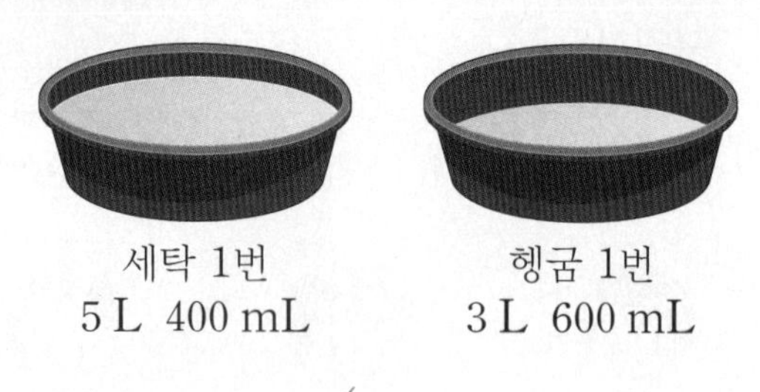

세탁 1번
5 L 400 mL

헹굼 1번
3 L 600 mL

( )

8 어머니께서 김장을 하기 위해 배추를 20 kg 400 g 사 오셨고, 무는 배추보다 7 kg 800 g 더 적게 사 오셨습니다. 어머니께서 사 오신 배추와 무의 무게는 모두 몇 kg일까요?

( )

9 주희네 가족은 딸기밭에서 딸기를 땄습니다. 주희는 1 kg 800 g, 어머니는 3 kg 500 g을 땄고, 주희, 어머니, 아버지 세 사람이 딴 딸기는 모두 9 kg이었습니다. 아버지는 어머니보다 딸기를 몇 g 더 많이 땄을까요?

( )

10 물이 1분에 3 L 450 mL씩 나오는 수도가 있습니다. 이 수도로 빈 양동이에 3분 동안 물을 받았더니 800 mL의 물이 부족하여 가득 채우지 못했습니다. 양동이의 들이는 몇 L 몇 mL일까요?

( )

11 제과점에서 빵을 만들기 위해 밀가루, 설탕, 소금을 준비했습니다. 밀가루와 설탕의 무게의 합은 5 kg 900 g이고 설탕과 소금의 무게의 합은 4 kg 300 g입니다. 소금의 무게가 1 kg 600 g일 때, 밀가루의 무게는 몇 kg 몇 g일까요?

( )

12 배 3개와 참외 1개의 무게를 재어 보니 2 kg 300 g이었습니다. 배 한 개를 덜어 내고 무게를 재어 보니 1 kg 700 g이었습니다. 참외 한 개의 무게는 몇 g일까요? (단, 같은 과일끼리는 무게가 같습니다.)

( )

13 하을이는 우유 200 mL를 사용하여 팬케이크 3개를 만들었습니다. 우유 2 L로 같은 팬케이크를 몇 개까지 만들 수 있을까요?

( )

14 무게가 100 g, 300 g, 500g, 700 g인 추가 각각 1개씩 있습니다. 추와 저울을 이용하여 무게를 잴 때 잴 수 없는 물건은 어느 것일까요?

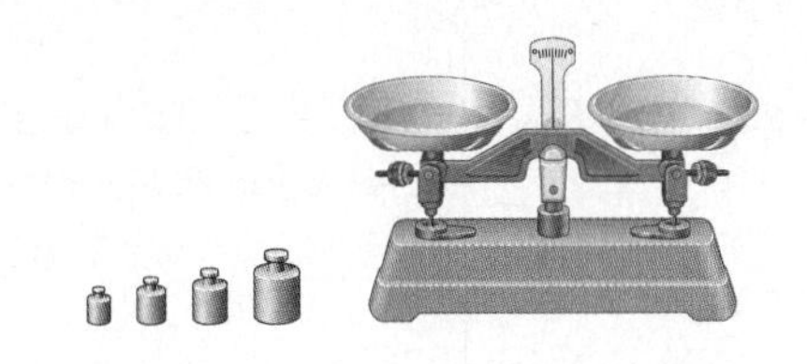

장난감	필통	동화책
1 kg 300 g	1700 g	900 g

( )

15 고구마 18 kg 600 g을 준영이와 현정이가 나누어 가지려고 합니다. 현정이가 준영이보다 3800 g 더 많이 가지려면 현정이는 고구마를 몇 kg 몇 g 가져야 할까요?

( )

중요

16 무게가 900 g인 빈 물통에 물을 정확히 반을 채웠더니 무게가 3 kg 200 g이 되었습니다. 물을 가득 채운 물통의 무게는 몇 kg 몇 g일까요?

( )

17 오이 5개의 무게와 호박 3개의 무게가 같고, 호박 2개의 무게와 당근 3개의 무게가 같습니다. 당근 한 개의 무게가 300 g일 때, 오이 10개의 무게는 몇 kg 몇 g일까요? (단, 같은 채소끼리는 무게가 같습니다.)

( )

18 ㉮ 그릇에 물을 가득 채워 ㉯ 그릇에 4번 부으면 물이 가득 찹니다. ㉮ 그릇과 ㉯ 그릇의 들이의 합이 3 L 500 mL일 때, 두 그릇의 들이는 각각 얼마일까요?

㉮ ( )
㉯ ( )

고수 비법

1 가 물통에는 1 L 900 mL, 나 물통에는 3 L 500 mL의 물이 들어 있습니다. 두 물통에 들어 있는 물의 양을 같게 하려면 나 물통에서 가 물통에 물을 몇 mL만큼 부어야 할까요?

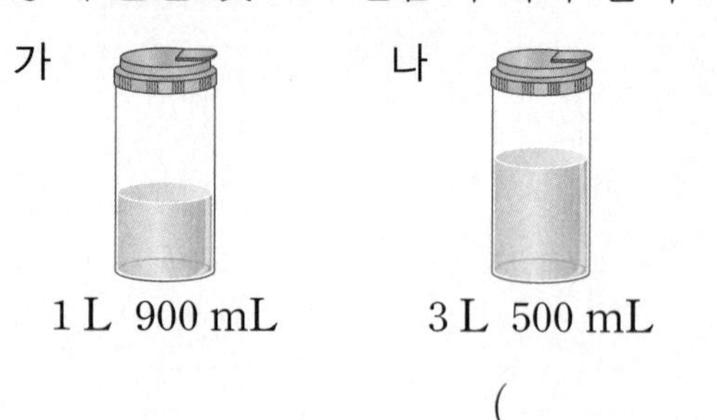

(   )

두 물통에 들어 있는 물의 양의 합 또는 차를 이용하여 두 물의 양을 같게 만드는 방법을 찾습니다.

2 로봇과 장난감 자동차의 무게를 잰 것입니다. 장난감 자동차 한 개의 무게는 몇 kg 몇 g일까요?

(   )

물건을 잰 저울의 눈금을 읽어 본 후 두 저울의 무게의 차는 어떤 물건의 무게를 나타내는지 알아봅니다.

3 참기름을 무게가 200 g인 빈 병에 담아 무게를 재었더니 1 kg 100 g이었습니다. 이 참기름을 $\frac{1}{3}$만큼 사용한 후에 참기름병의 무게를 재면 몇 g이 될까요?

(   )

처음에 있던 참기름만의 무게를 구한 후 참기름 양의 $\frac{1}{3}$의 무게를 알아봅니다.

경시 문제 맛보기

4 들이가 300 mL, 500 mL인 두 컵만을 사용하여 들이가 500 mL인 컵에 400 mL의 물을 채우려고 합니다. 물을 채울 수 있는 방법을 설명해 보세요.

설명 ______________________

고수 비법

두 컵에 있는 물을 서로 옮겼을 때 남거나 부족한 양을 이용합니다.

경시 문제 맛보기

5 윤하는 어항을 청소한 후에 물을 채우려고 합니다. 들이가 4 L인 그릇으로 4번, 들이가 600 mL인 컵으로 10번 가득 채워 부었더니 어항의 $\frac{1}{3}$이 찼습니다. 이 어항에 들이가 4 L인 그릇만을 사용하여 물을 가득 채우려면 적어도 몇 번 더 부어야 할까요?

(　　　　　　)

전체의 $\frac{1}{▲}$이 ●일 때, 전체는 ●×▲입니다.

창의·융합 UP

6 수학+사회 우리 조상들은 오래전부터 곡식이나 채소의 들이와 무게를 나타내는 단위를 사용해 왔습니다. 근은 무게의 단위이고, 섬, 말, 되, 홉 등은 들이의 단위입니다. 시장에서 콩을 1섬 5말 2되를 샀다면 산 콩의 양은 모두 몇 L 몇 mL일까요?

(　　　　　　)

5말은 18 L가 5번이고 2되는 1800 mL가 2번 있는 양을 나타냅니다.

1 가, 나, 다 그릇에 물을 가득 채운 후 모양과 크기가 같은 그릇에 옮겨 담았습니다. 그림과 같이 물이 채워졌을 때 들이가 많은 순서대로 기호를 써 보세요.

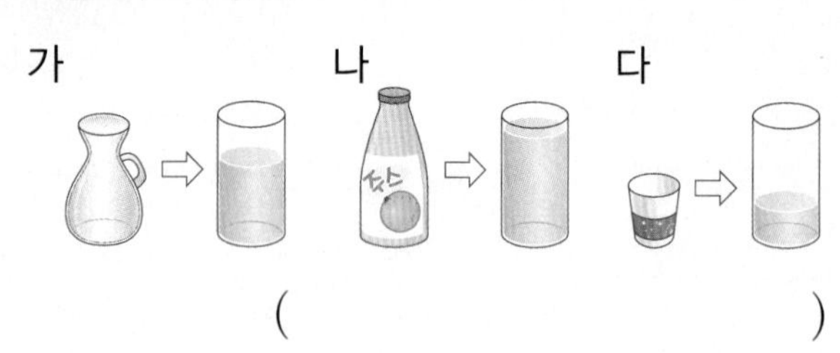

(　　　　　　　　　　)

2 □ 안에 알맞은 수를 써넣으세요.

(1) 5 L=□ mL

(2) 3 kg=□ g

(3) 2600 mL=□ L □ mL

(4) 8700 g=□ kg □ g

(5) 7000 kg=□ t

3 들이의 단위를 알맞게 사용한 것을 찾아 기호를 써 보세요.

> ㉠ 감기약 용기의 들이는 약 60 L입니다.
> ㉡ 주스병의 들이는 약 2 mL입니다.
> ㉢ 욕조에 담긴 물의 양은 약 80 L입니다.

(　　　　　　　　　　)

4 두 비커에 담긴 물의 양을 합하면 모두 몇 L 몇 mL일까요?

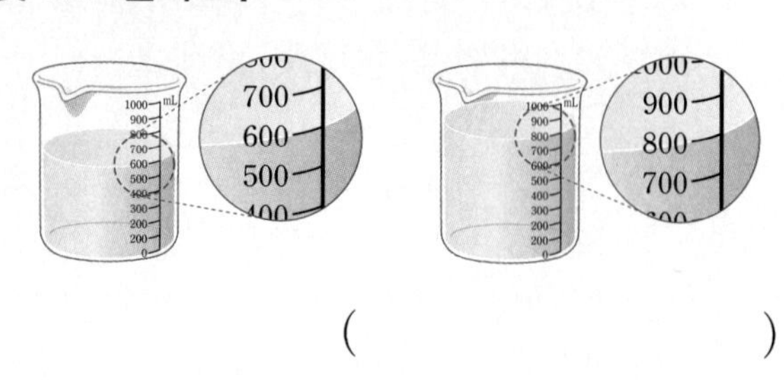

(　　　　　　　　　　)

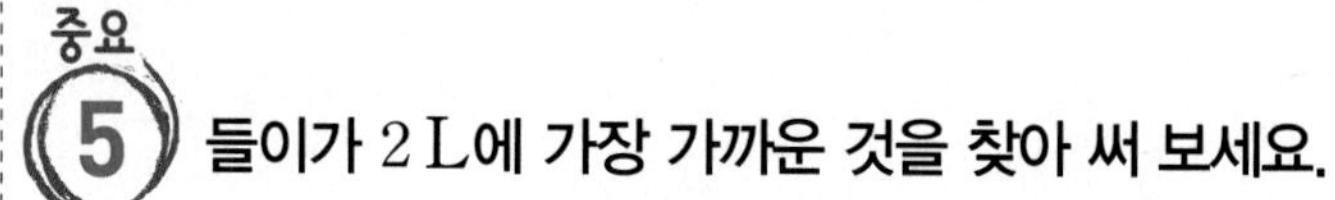

중요 **5** 들이가 2 L에 가장 가까운 것을 찾아 써 보세요.

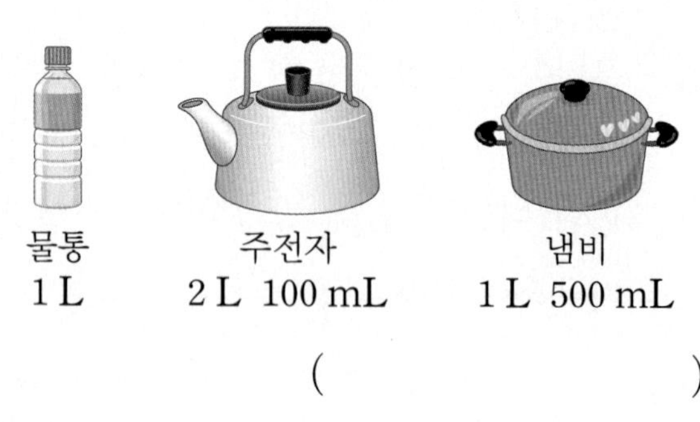

(　　　　　　　　　　)

6 공의 무게를 클립과 옷핀으로 각각 재었습니다. 클립과 옷핀 중에서 한 개의 무게가 더 가벼운 것은 어느 것일까요?

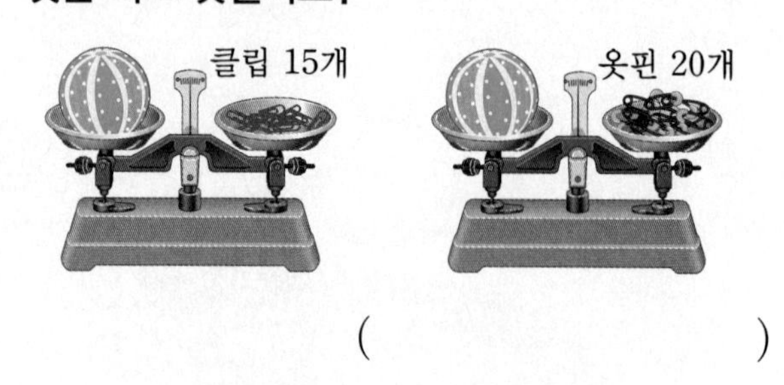

(　　　　　　　　　　)

7 들이가 더 많은 것을 찾아 기호를 써 보세요.

> ㉠ 1 L 900 mL+4 L 500 mL
> ㉡ 10 L−2 L 400 mL

( )

8 가장 무거운 물건과 가장 가벼운 물건의 무게의 차는 몇 kg 몇 g일까요?

( )

중요

9 □ 안에 알맞은 수를 써넣으세요.

$$\begin{array}{rrrr} & \square\ \text{kg} & 300 & \text{g} \\ - & 5\ \text{kg} & \square & \text{g} \\ \hline & 6\ \text{kg} & 400 & \text{g} \end{array}$$

10 콩의 무게는 15 kg 300 g이고, 팥의 무게는 콩보다 4 kg 500 g 더 무겁습니다. 콩과 팥의 무게는 모두 몇 kg 몇 g일까요?

( )

11 다음은 주먹밥 1인분을 만드는 데 필요한 재료입니다. 주먹밥 3인분을 만드는 데 필요한 재료는 모두 몇 kg 몇 g일까요?

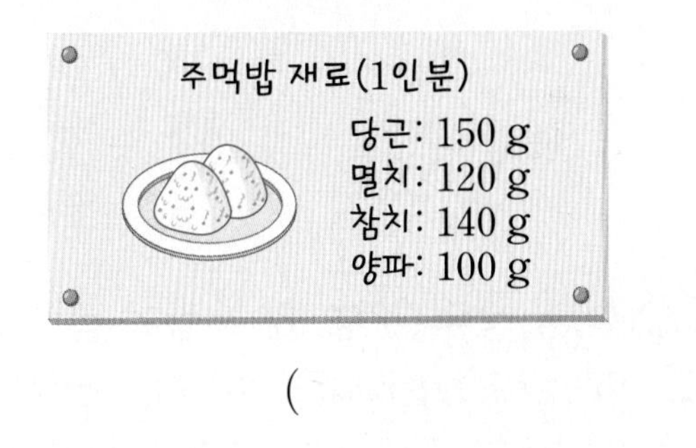

( )

창의·융합 수학+사회

12 윤우가 우리 조상들이 사용하던 무게의 단위를 인터넷으로 찾아본 내용입니다. 당근 2관과 돼지고기 2근의 무게의 합은 몇 kg 몇 g일까요?

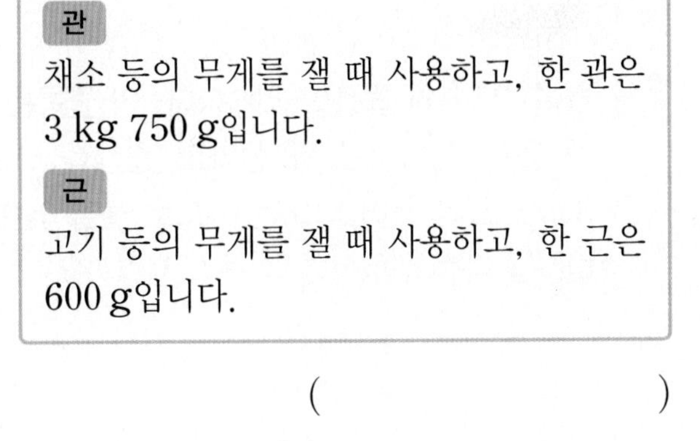
관
채소 등의 무게를 잴 때 사용하고, 한 관은 3 kg 750 g입니다.
근
고기 등의 무게를 잴 때 사용하고, 한 근은 600 g입니다.

( )

13 들이가 20 L인 생수통에 물이 다음과 같이 들어 있습니다. 생수통에 물을 가득 채우려면 바가지로 적어도 몇 번 부어야 할까요?

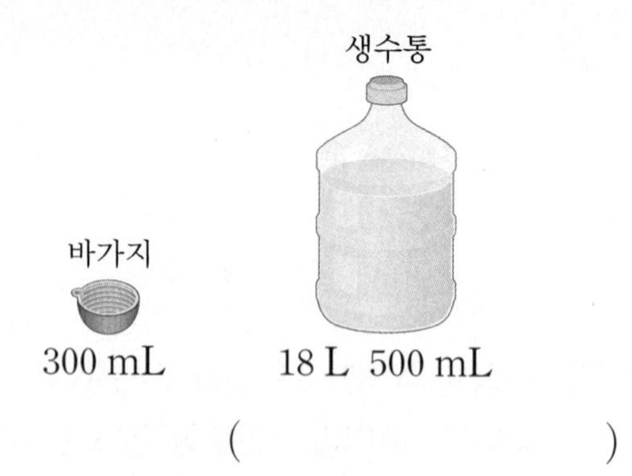

( )

중요 **14** 수진, 상우, 근영 세 사람의 몸무게의 합은 97 kg 500 g입니다. 수진이는 상우보다 3 kg 200 g 더 무겁습니다. 상우의 몸무게가 31 kg 800 g일 때, 근영이의 몸무게는 몇 kg 몇 g일까요?

( )

15 들이가 1 L인 물통이 있습니다. 이 물통은 1초에 물이 100 mL씩 샌다고 합니다. 1초에 300 mL의 물이 나오는 수도로 물을 받아 이 물통을 가득 채우려면 몇 초가 걸릴까요?

( )

16 무게가 같은 포도 5송이를 담은 바구니의 무게가 3 kg 800 g입니다. 빈 바구니의 무게가 1 kg 300 g일 때, 포도 한 송이의 무게는 몇 g일까요?

( )

17 사과 4개를 담은 상자의 무게는 1 kg 540 g이고 같은 상자에 사과 2개를 담은 무게는 860 g입니다. 빈 상자의 무게는 몇 g일까요? (단, 사과의 무게는 모두 같습니다.)

( )

18 항아리에 물을 450 mL씩 8번 붓고 700 mL씩 4번 부었습니다. 이 물을 다시 들이가 1 L 600 mL인 바가지로 모두 덜어 내려면 적어도 몇 번을 덜어 내야 할까요?

( )

19 냉장고에 우유가 2 L 600 mL 있고, 주스가 2300 mL 있습니다. 우유와 주스 중에서 어느 것이 더 많은지 풀이 과정을 쓰고 답을 구해 보세요.

풀이

답

20 오른쪽 그림과 같이 수조에 물이 들어 있습니다. 여기에 들이가 700 mL인 컵에 물을 가득 담아 3번 부으면 수조에 들어 있는 물의 양은 모두 몇 L 몇 mL가 되는지 풀이 과정을 쓰고 답을 구해 보세요.

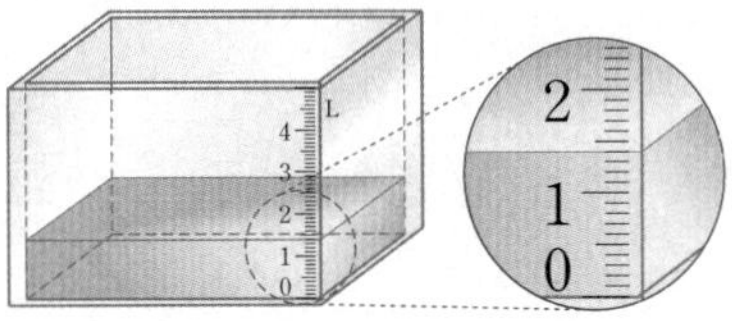

풀이

답

21 토끼의 무게는 4 kg 500 g입니다. 사슴의 무게는 토끼 무게의 2배보다 23 kg 더 무겁고 염소의 무게는 사슴의 무게보다 21 kg 400 g 더 가볍습니다. 염소의 무게는 몇 kg 몇 g인지 풀이 과정을 쓰고 답을 구해 보세요.

풀이

답

정답과 해설 27쪽

22 무게가 $550\,\text{g}$인 빈 유리병에 레몬차를 가득 담아 무게를 재었더니 $1\,\text{kg}\ 150\,\text{g}$이었습니다. 레몬차를 $\frac{1}{6}$만큼 마시면 레몬차가 담긴 병의 무게는 몇 kg 몇 g이 되는지 풀이 과정을 쓰고 답을 구해 보세요.

풀이

답

23 배추, 호박, 무의 무게의 합은 $6\,\text{kg}\ 400\,\text{g}$입니다. 호박의 무게는 배추의 무게보다 $1100\,\text{g}$ 더 무겁습니다. 배추의 무게가 $2\,\text{kg}\ 200\,\text{g}$일 때, 무의 무게는 몇 g인지 풀이 과정을 쓰고 답을 구해 보세요.

풀이

답

6

자료의 정리

6 자료의 정리

1 표 알아보기

좋아하는 계절별 학생 수

계절	봄	여름	가을	겨울	합계
학생 수(명)	21	15	27	17	80

• 봄을 좋아하는 학생은 21명입니다.
• 조사한 전체 학생은 80명입니다.
⇨ 표는 종류별 개수와 조사한 전체 수를 알아보기 쉽습니다.

2 자료를 수집하여 표로 나타내기

① 조사한 자료를 종류별로 분류합니다.
② 조사 항목의 수에 맞게 칸을 나눕니다.
③ 조사 내용에 맞게 빈칸을 채웁니다.
④ 합계가 맞는지 확인합니다.
⑤ 조사 내용에 알맞은 제목을 붙입니다.

3 그림그래프 알아보기

그림그래프: 알려고 하는 수(조사한 수)를 그림으로 나타낸 그래프

학생별 딱지 수

이름	딱지 수
도현	
정호	
민태	

10장
1장

• 도현이가 가지고 있는 딱지는 이 2개, 이 4개로 24장 입니다.
• 딱지를 가장 많이 가지고 있는 학생은 정호입니다.
⇨ 자료의 특징에 알맞은 그림으로 나타내어 어떠한 자료에 대한 내용인지 알기 쉽고, 항목별 크기를 비교하기 쉽습니다.

4 그림그래프로 나타내기

① 그림을 몇 가지로 나타낼 것인지 정합니다.
② 어떤 그림으로 나타낼 것인지 정합니다.
③ 조사한 수에 맞도록 그림을 그립니다.
④ 그림그래프에 알맞은 제목을 붙입니다.

다음에 배울 내용

4-1 5. 막대그래프

▸ **막대그래프 알아보기**
막대그래프: 조사한 수를 막대 모양으로 나타낸 그래프

좋아하는 운동

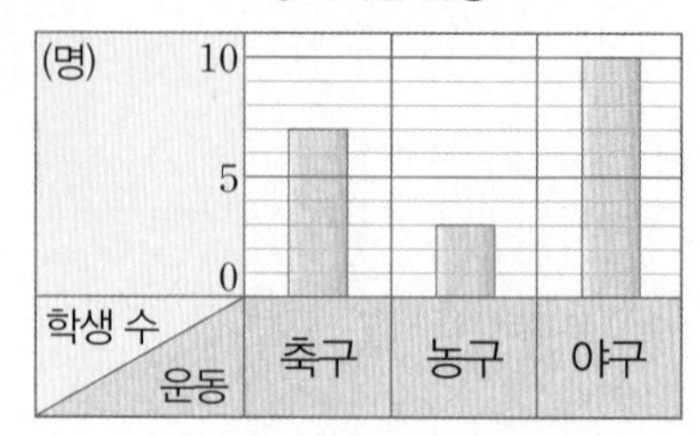

▸ **막대그래프의 특징**
• 항목별 크기를 쉽게 비교할 수 있습니다.
• 조사한 전체 수를 알아보기 어렵습니다.

정답과 해설 29쪽

◎ 어느 지역의 동별 병원 수를 조사하여 표로 나타내었습니다. 물음에 답하세요. (1~2)

동별 병원 수

동	믿음	사랑	소망	기쁨	합계
병원 수(개)	30		45	28	122

표 알아보기

1 표의 빈칸에 알맞은 수를 써넣으세요.

표 알아보기

2 병원 수가 많은 동부터 순서대로 써 보세요.

( )

자료를 수집하여 표로 나타내기

3 준우네 학교 3학년 학생들이 받고 싶은 생일 선물을 조사하였습니다. 조사한 자료를 보고 표로 나타내어 보세요.

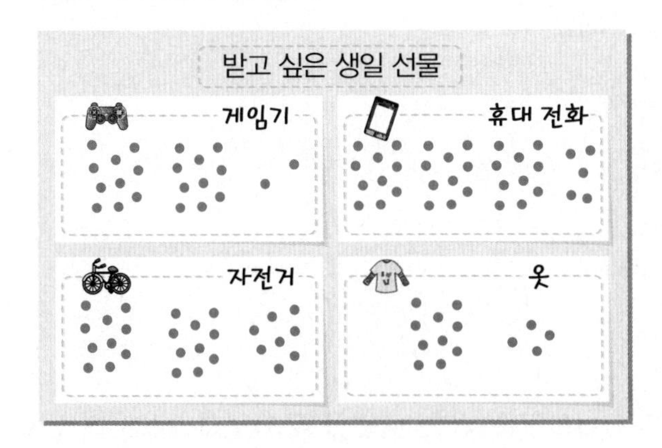

받고 싶은 생일 선물별 학생 수

생일 선물	게임기	휴대 전화	자전거	옷	합계
학생 수(명)					

◎ 마을별 가구 수를 그림그래프로 나타내었습니다. 물음에 답하세요. (4~5)

마을별 가구 수

마을	가구 수
햇빛	
달빛	
별빛	
옥빛	

10가구
1가구

그림그래프 알아보기

4 가구 수가 가장 많은 마을은 어느 마을일까요?

( )

그림그래프 알아보기

5 햇빛 마을과 별빛 마을의 가구 수의 차는 몇 가구일까요?

( )

그림그래프로 나타내기

6 서윤이네 모둠 학생들이 모은 우표 수를 조사하여 표로 나타내었습니다. 표를 보고 그림그래프를 완성해 보세요.

학생별 모은 우표 수

이름	서윤	은재	석우	합계
우표 수(장)	42	30	41	113

학생별 모은 우표 수

이름	우표 수
서윤	
은재	
석우	

▣ 10장
□ 1장

STEP 1 고수 대표유형문제

1 표에서 모르는 항목의 수 구하기

대표문제 정민이는 교실에 있는 색종이를 색깔별로 조사하였습니다. 파란색 색종이 수는 초록색 색종이 수의 몇 배일까요?

색깔별 색종이 수

색깔	파란색	빨간색	노란색	초록색	합계
색종이 수(장)	48	32	61		165

( )

| 풀이 |

[1단계] 초록색 색종이 수 구하기	합계가 ☐장이므로 초록색 색종이는 ☐$-48-32-61=$☐(장)입니다.
[2단계] 파란색 색종이 수는 초록색 색종이 수의 몇 배인지 구하기	파란색 색종이는 48장이고, 초록색 색종이는 ☐장이므로 파란색 색종이 수는 초록색 색종이 수의 ☐배입니다.

유제 1 진수네 반 학생들이 좋아하는 계절을 조사하였습니다. 봄을 좋아하는 학생 수가 가을을 좋아하는 학생 수의 $\frac{1}{2}$일 때, 빈칸에 알맞은 수를 써넣으세요.

좋아하는 계절별 학생 수

계절	봄	여름	가을	겨울	합계
학생 수(명)		6	8	7	

유제 2 어느 제과점에서 한 시간 동안 판 제품 수를 조사하였습니다. 도넛을 쿠키보다 14개 더 많이 팔았다면 도넛은 몇 개를 팔았을까요?

판 제품 수

제품	식빵	케이크	도넛	쿠키	합계
개수(개)	24	5			79

( )

2 표와 그림그래프를 보고 모르는 항목의 수 구하기

유라네 반의 모둠별 칭찬 도장 수를 조사하여 표와 그림그래프로 나타내었습니다. 다 모둠의 칭찬 도장 수는 몇 개일까요?

모둠별 칭찬 도장 수

모둠	가	나	다	라	합계
칭찬 도장 수(개)		41			118

모둠별 칭찬 도장 수

모둠	칭찬 도장 수
가	
나	
다	
라	

10개 1개

( )

| 풀이 |

[1단계] 그림그래프를 보고 가, 라 모둠의 칭찬 도장 수 구하기	그림그래프에서 가 모둠의 칭찬 도장 수는 ☐개이고, 라 모둠의 칭찬 도장 수는 ☐개입니다.
[2단계] 다 모둠의 칭찬 도장 수 구하기	다 모둠의 칭찬 도장 수는 118−☐(가 모둠)−☐(나 모둠)−☐(라 모둠)=☐(개)입니다.

웅이네 학교 3학년 학생들이 일주일 동안 반별로 읽은 책 수를 조사하여 표와 그림그래프로 나타내었습니다. 책을 가장 많이 읽은 반은 어느 반일까요?

반별 읽은 책 수

반	1반	2반	3반	4반	합계
책 수(권)	43				171

반별 읽은 책 수

반	책 수
1반	
2반	
3반	
4반	

10권 1권

( )

3 그림그래프에서 그림이 나타내는 수 알아보기

소영이가 접은 종이학을 색깔별로 조사하여 그림그래프로 나타내었습니다. 빨간색 종이학이 350마리일 때, 소영이가 접은 종이학은 모두 몇 마리일까요?

색깔별 종이학 수

색깔	종이학 수
빨간색	
파란색	
초록색	
노란색	

(　　　　　　　　)

| 풀이 |

[1단계] 큰 그림 1개와 작은 그림 1개가 나타내는 종이학 수 구하기	빨간색 종이학이 350마리이므로 큰 그림 3개와 작은 그림 5개는 □마리를 나타냅니다. 따라서 큰 그림 1개는 □마리, 작은 그림 1개는 □마리를 나타냅니다.
[2단계] 소영이가 접은 전체 종이학 수 구하기	빨간색은 350마리, 파란색은 □마리, 초록색은 □마리, 노란색은 □마리입니다. 따라서 소영이가 접은 종이학은 모두 □마리입니다.

은수와 형준이는 같은 자료를 보고 친구들이 주운 조개껍데기 수를 각각 다음과 같은 그림그래프로 나타내었습니다. 은수가 주운 조개껍데기가 24개일 때, 오른쪽 그림그래프를 완성해 보세요.

친구별 주운 조개껍데기 수

이름	조개껍데기 수
은수	◎◎○○○○
형준	◎○○○○○○
승기	◎○○○

친구별 주운 조개껍데기 수

이름	조개껍데기 수
은수	△△△△○○○○
형준	
승기	

4 그림그래프에서 항목의 수 구하기

대표 문제 재호네 학교 3학년 학생 90명이 가고 싶은 체험 학습 장소를 조사하여 그림그래프로 나타내었습니다. 놀이공원에 가고 싶은 학생 수가 미술관에 가고 싶은 학생 수의 2배일 때, 워터파크에 가고 싶은 학생은 몇 명일까요?

가고 싶은 체험 학습 장소별 학생 수

장소	학생 수
박물관	 ☺ ☺☺
미술관	 ☺ ☺
놀이공원	
워터파크	

(큰 그림) 10명
(작은 그림) 1명

(　　　　　　)

| 풀이 |

[1단계] 놀이공원에 가고 싶은 학생 수 구하기	미술관에 가고 싶은 학생은 큰 그림 2개이므로 □명입니다. 놀이공원에 가고 싶은 학생 수는 미술관에 가고 싶은 학생 수의 2배이므로 □ $\times 2=$ □(명)입니다.
[2단계] 워터파크에 가고 싶은 학생 수 구하기	전체 학생이 □명이므로 워터파크에 가고 싶은 학생은 □ − □(박물관) − □(미술관) − □(놀이공원) = □(명)입니다.

유제 5 시호네 학교 3학년 학생 70명이 좋아하는 놀이 기구를 조사하여 그림그래프로 나타내었습니다. 미끄럼틀을 좋아하는 학생이 그네를 좋아하는 학생보다 5명 적을 때 정글짐을 좋아하는 학생은 몇 명일까요?

좋아하는 놀이 기구별 학생 수

놀이 기구	학생 수
시소	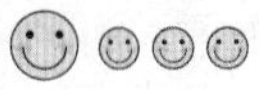 ☺ ☺☺☺
그네	 ☺ ☺ ☺
미끄럼틀	
정글짐	

(큰 그림) 10명
(작은 그림) 1명

(　　　　　　)

5 그림그래프 활용하기

대표문제 태민이네 집에서 주별로 모은 빈 병 수를 조사하여 그림그래프로 나타내었습니다. 빈 병 수거함에 빈 병을 넣으면 한 병에 40원씩 받을 수 있습니다. 태민이가 모은 빈 병을 모두 빈 병 수거함에 넣으면 얼마를 받을 수 있을까요?

주별로 모은 빈 병 수

주	빈 병 수
1주	
2주	
3주	
4주	

(큰 병) 10병
(작은 병) 1병

(　　　　　　　　)

| 풀이 |

[1단계] 모은 빈 병 수의 합 구하기	1주에는 □병, 2주에는 □병, 3주에는 □병, 4주에는 □병 모았습니다. 따라서 모은 빈 병 수는 모두 □(1주)+□(2주)+□(3주)+□(4주)=□(병)입니다.
[2단계] 태민이가 받을 수 있는 금액 구하기	태민이가 빈 병을 모두 빈 병 수거함에 넣으면 40×□=□(원)을 받을 수 있습니다.

유제 6 윤하네 학교 3학년 반별 학생 수를 조사하여 그림그래프로 나타내었습니다. 세 반 학생들을 한 줄에 8명씩 세우면 모두 몇 줄이 될까요?

반별 학생 수

반	학생 수
1반	
2반	
3반	

(큰 얼굴) 10명
(작은 얼굴) 1명

(　　　　　　　　)

정답과 해설 30쪽

지민이네 동아리 학생들이 좋아하는 아이스크림을 조사하였습니다. 물음에 답하세요. (1~4)

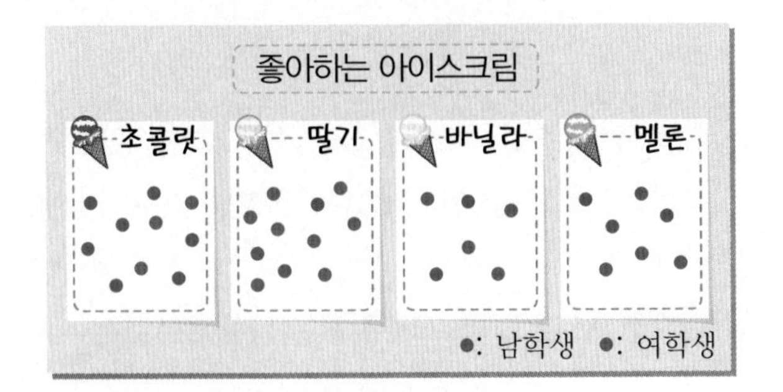

1 자료를 보고 표를 완성해 보세요.

좋아하는 아이스크림별 학생 수

아이스크림	초콜릿	딸기	바닐라	멜론	합계
남학생 수(명)					
여학생 수(명)					

2 멜론 아이스크림을 좋아하는 학생은 모두 몇 명일까요?

( )

3 조사한 학생은 모두 몇 명일까요?

( )

중요

4 딸기 아이스크림을 좋아하는 여학생 수는 바닐라 아이스크림을 좋아하는 여학생 수의 몇 배일까요?

( )

마을별 놀이터 수를 조사하여 표로 나타내었습니다. 물음에 답하세요. (5~7)

마을별 놀이터 수

마을	별	달	해	산	합계
놀이터 수(개)	45	16	27	32	120

5 표를 보고 그림그래프를 완성해 보세요.

마을별 놀이터 수

마을	놀이터 수
별	◎◎◎◎ ○○○○○
달	
해	
산	

◎ [ ]개, ○ [ ]개

6 표를 보고 그림그래프를 완성해 보세요.

마을별 놀이터 수

마을	놀이터 수
별	
달	
해	◎◎△○○
산	

◎ [ ]개, △ [ ]개, ○ [ ]개

7 6번 그림그래프가 5번 그림그래프보다 더 좋은 점을 한 가지만 써 보세요.

( )

8 규민이네 반 학생들이 좋아하는 동물을 조사하여 표로 나타내었습니다. 강아지를 좋아하는 학생이 고양이를 좋아하는 학생보다 4명 더 많을 때 좋아하는 학생 수가 많은 동물부터 순서대로 써 보세요.

좋아하는 동물별 학생 수

동물	강아지	햄스터	토끼	고양이	합계
학생 수(명)		7	5		32

(　　　　　　　　　　)

목장별 우유 생산량을 조사하여 그림그래프로 나타내었습니다. 물음에 답하세요. (9~10)

목장별 우유 생산량

목장	우유 생산량
가	10 kg 4개, 1 kg 2개
나	10 kg 5개, 1 kg 6개
다	
라	

10 kg　1 kg

중요 **9** 네 목장에서 생산한 우유의 양이 모두 176 kg이고, 다 목장의 우유 생산량이 라 목장의 우유 생산량보다 2 kg 적을 때, 표를 완성해 보세요.

목장별 우유 생산량

목장	가	나	다	라	합계
생산량 (kg)					

10 우유 생산량이 가장 많은 목장과 가장 적은 목장의 우유 생산량의 차는 몇 kg일까요?

(　　　　　　　　　　)

마을별 귤 수확량을 조사하여 표로 나타내었습니다. 물음에 답하세요. (11~12)

마을별 귤 수확량

마을	희망	믿음	행복	사랑	합계
수확량 (상자)	253	431	572		1450

11 표를 보고 그림그래프를 완성해 보세요.

마을별 귤 수확량

마을	귤 수확량

▣ 100상자　□ 10상자　■ 1상자

12 귤 수확량이 가장 적은 마을은 어느 마을일까요?

(　　　　　　　　　　)

13 진영이네 학교 3학년 반별 학생 수를 조사하여 표로 나타내었습니다. 표를 완성해 보세요.

반별 학생 수

반	1반	2반	3반	합계
남학생 수(명)	16		16	47
여학생 수(명)		17	15	49
합계		32		

중요

14 신우네 학교 3학년 학생들의 등교 방법을 조사하여 표와 그림그래프로 나타내었습니다. 표와 그림그래프를 완성해 보세요.

등교 방법별 학생 수

등교 방법	버스	자가용	자전거	도보	합계
학생 수(명)	51		44		134

등교 방법별 학생 수

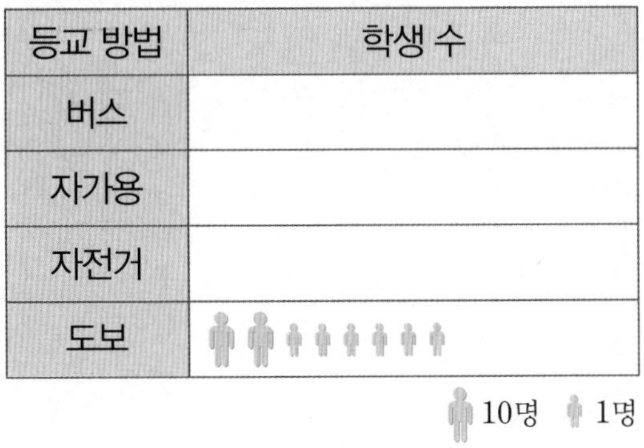

등교 방법	학생 수
버스	
자가용	
자전거	
도보	(10명 그림 2개, 1명 그림 6개)

10명 1명

15 민정이가 비즈 가게에서 가격별로 산 비즈 수를 조사하여 그림그래프로 나타내었습니다. 민정이가 이 가게에서 비즈를 사고 낸 돈은 모두 얼마일까요?

가격별 산 비즈 수

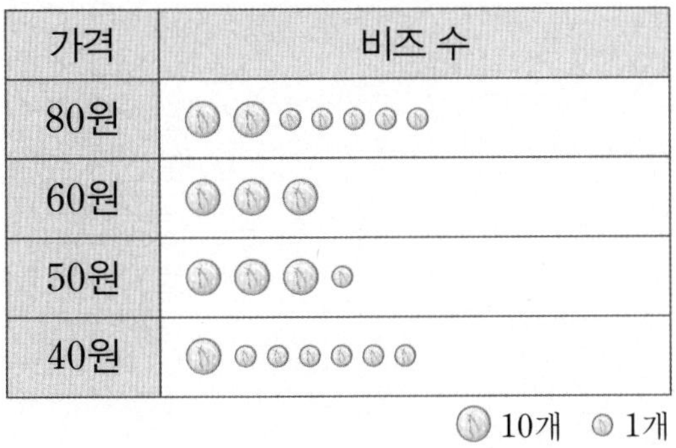

가격	비즈 수
80원	(10개 그림 2개, 1개 그림 5개)
60원	(10개 그림 3개)
50원	(10개 그림 3개, 1개 그림 1개)
40원	(10개 그림 1개, 1개 그림 6개)

10개 1개

( )

16 주영이네 학교 3학년 학생 회장 선거에서 후보자들이 받은 표를 조사하여 그림그래프로 나타내었습니다. 3학년 학생은 모두 80명이고 학생 회장이 된 종윤이가 37표를 받았다면 재호가 받은 표는 몇 표일까요? (단, 무효표는 없습니다.)

후보자별 받은 표의 수

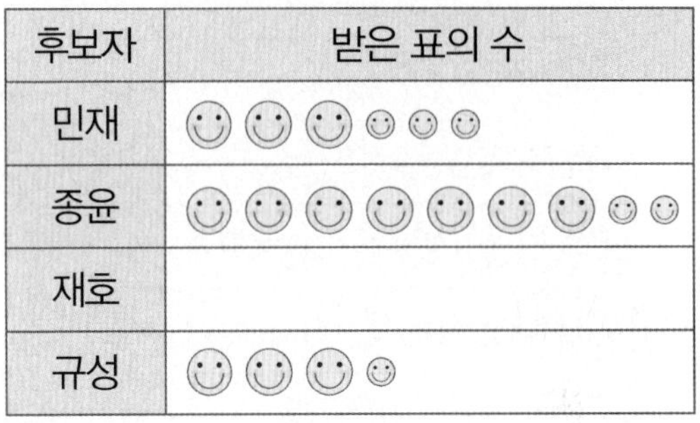

후보자	받은 표의 수
민재	(큰 그림 3개, 작은 그림 3개)
종윤	(큰 그림 7개, 작은 그림 2개)
재호	
규성	(큰 그림 3개, 작은 그림 1개)

( )

17 수진이네 학교 3학년 학생들이 가장 좋아하는 떡볶이 가게를 조사하여 그림그래프로 나타내었습니다. 가장 많은 학생들이 좋아하는 떡볶이 가게와 가장 적은 학생들이 좋아하는 떡볶이 가게의 학생 수의 차가 24명이라고 합니다. 수진이네 학교 3학년 학생은 최대 몇 명일까요?

좋아하는 떡볶이 가게별 학생 수

떡볶이 가게	학생 수
떡신	(10명 그림 2개, 1명 그림 5개)
떡달인	(10명 그림 1개, 1명 그림 7개)
오떡	(10명 그림 2개, 1명 그림 1개)
떡맛	

10명 1명

( )

고수 최고문제

고수 비법

작년 ●학년 학생 수와 올해 (●+1)학년 학생 수의 차를 알아봅니다.

1 어느 학교의 작년 학생 수와 올해 학생 수를 조사하여 그림그래프로 나타내었습니다. 한 학년이 올라가면서 다른 학교로 전학을 간 학생은 몇 명일까요? (단, 전학을 온 학생은 없고, 졸업생 수는 세지 않습니다.)

작년 학생 수

학년	학생 수
1학년	◎◎◎◎○○○
2학년	◎◎◎○○○○○○
3학년	◎◎◎◎○
4학년	◎◎◎◎◎
5학년	◎◎◎○○○○○○
6학년	◎◎◎◎

◎ 10명 ○ 1명

올해 학생 수

학년	학생 수
1학년	◎◎◎◎○○
2학년	◎◎◎◎○○○
3학년	◎◎◎○○○
4학년	◎◎◎◎
5학년	◎◎◎◎◎
6학년	◎◎◎○○○○○

◎ 10명 ○ 1명

(　　　　　　　　)

큰 그림 1개, 중간 그림 1개, 작은 그림 1개가 나타내는 학생 수를 각각 알아봅니다.

2 어느 마을의 학교별 학생 수를 조사하여 그림그래프로 나타내었습니다. 중학생이 171명일 때, 표를 완성해 보세요.

학교별 학생 수

학교	학생 수
초등학교	◉◉◉◉●●•••
중학교	◉◉◉●●•
고등학교	◉◉●●••••••••
대학교	◉●●•••••••

학교별 학생 수

학교	초등학교	중학교	고등학교	대학교	합계
학생 수(명)					

경시 문제 맛보기

3 민석이네 학교 학생 140명이 사는 마을을 조사하여 그림그래프와 약도로 나타내었습니다. 꽃잎 마을에 사는 학생이 별빛 마을에 사는 학생보다 4명 더 많다면 강을 건너지 않고 학교에 갈 수 있는 학생은 몇 명일까요?

마을별 학생 수

마을	학생 수
달님	◎◎◎○○○○
별빛	
꽃잎	
해님	◎○○○○○○○○○
물빛	◎◎◎○○○○○○○○○

◎ 10명 ○ 1명

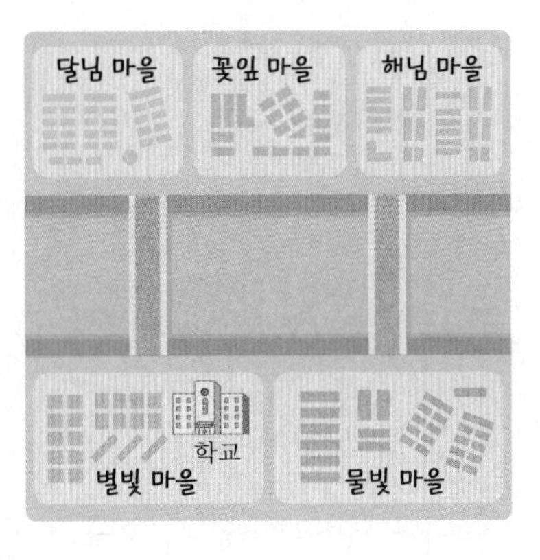

(　　　　　　)

고수 비법

먼저 별빛 마을에 사는 학생 수를 알아봅니다.

창의·융합 UP

4 수학+과학 어느 도시의 7월, 8월, 9월의 날씨를 조사하여 그림그래프로 나타내었습니다. 우산이 필요했던 날은 모두 며칠일까요?

날씨별 날수

날씨	날수
	▦▪
	▦▪▪
	▦▦▦▦▪▪▪▪

▦ 10일 ▪ 1일

(　　　　　　)

7월, 8월, 9월의 날수를 각각 알아봅니다.

◉ 민주네 모둠 학생들의 취미를 조사하였습니다. 물음에 답하세요. (1~4)

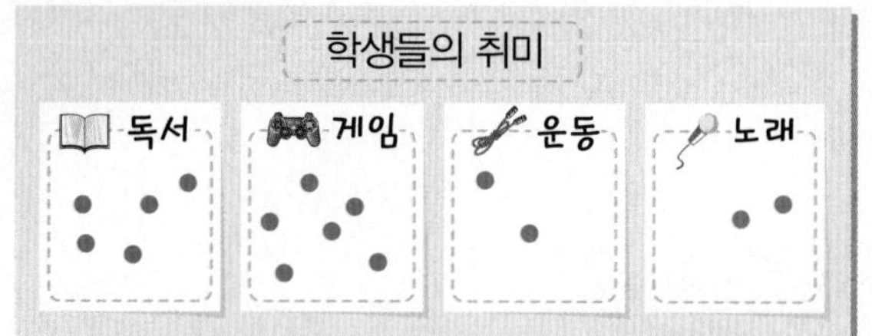

중요
1 조사한 자료를 보고 표로 나타내어 보세요.

취미별 학생 수

취미	독서	게임	운동	노래	합계
학생 수 (명)					

2 가장 많은 학생들의 취미는 무엇일까요?

( )

3 운동이 취미인 학생 수와 같은 수의 학생들의 취미는 무엇일까요?

( )

4 게임이 취미인 학생 수는 노래가 취미인 학생 수의 몇 배일까요?

( )

창의•융합 수학+컴퓨터

◉ 인터넷은 세계 최대 규모의 컴퓨터 통신망입니다. 지영이가 인터넷을 사용한 시간을 월별로 조사하여 그림그래프로 나타내었습니다. 물음에 답하세요. (5~8)

월별 인터넷 사용 시간

월	사용 시간
6월	**e** **e** **e**
7월	**e** e e e e
8월	**e** **e** e e e e e
9월	**e** e e e e e e

e 10시간 e 1시간

5 그림그래프를 보고 표로 나타내어 보세요.

월별 인터넷 사용 시간

월	6월	7월	8월	9월	합계
사용 시간 (시간)					

6 4개월 동안 인터넷을 사용한 시간은 모두 몇 시간일까요?

( )

중요
7 인터넷을 가장 많이 사용한 달과 가장 적게 사용한 달의 사용 시간의 차는 몇 시간일까요?

( )

8 10월에는 인터넷 사용 시간을 9월의 절반으로 줄이려고 합니다. 10월에는 인터넷을 몇 시간 사용해야 할까요?

( )

마을별 가로등 수를 조사하여 표와 그림그래프로 나타내었습니다. 물음에 답하세요. (9~11)

마을별 가로등 수

마을	가	나	다	라	합계
가로등 수(개)	41	50	72		

마을별 가로등 수

마을	가로등 수
가	
나	
다	
라	(큰 가로등 3개, 작은 가로등 2개)

(큰 가로등) 10개 (작은 가로등) 1개

9 표와 그림그래프를 완성해 보세요.

10 가로등이 많은 마을부터 순서대로 써 보세요.

(　　　　　　　　　　)

11 라 마을에 가로등이 60개가 되도록 설치하려고 합니다. 라 마을에 가로등을 몇 개 더 설치해야 할까요?

(　　　　　　　　　　)

윤후네 학교 3학년부터 6학년까지 학년별로 휴대 전화를 가지고 있는 학생 수를 조사하여 표로 나타내었습니다. 물음에 답하세요. (12~14)

학년별 휴대 전화를 가지고 있는 학생 수

학년	3학년	4학년	5학년	6학년	합계
학생 수(명)	42	60	80		279

12 휴대 전화를 가지고 있는 6학년 학생은 몇 명일까요?

(　　　　　　　　　　)

중요

13 표를 보고 그림그래프를 완성해 보세요.

학년별 휴대 전화를 가지고 있는 학생 수

학년	학생 수
3학년	
4학년	
5학년	
6학년	

(큰 휴대 전화) 50명 (중간 휴대 전화) 10명 (작은 휴대 전화) 1명

14 13번 그림그래프에서 학생 수를 (중간 휴대 전화) 10명과 (작은 휴대 전화) 1명으로만 나타낸다면 (중간 휴대 전화)과 (작은 휴대 전화)은 각각 몇 개를 그려야 할까요?

(중간 휴대 전화) (　　　　　　　　　　)

(작은 휴대 전화) (　　　　　　　　　　)

15 지우네 반 학생들이 모둠별 모은 헌 종이의 무게를 그림그래프로 나타내었습니다. 모은 헌 종이를 1 kg에 90원씩 받고 모두 판다면 얼마를 받을 수 있을까요?

모둠별 모은 헌 종이의 무게

모둠	헌 종이의 무게
가	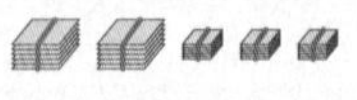
나	
다	

10 kg 1 kg

( )

어느 마트에서는 영수증을 모아서 원하는 단체에 후원을 할 수 있다고 합니다. 다음은 후원하는 단체별 영수증 수를 그림그래프로 나타내었습니다. 물음에 답하세요. (16~17)

후원하는 단체별 영수증 수

단체	영수증 수
가	
나	
다	
라	

10장 1장

16 전체 영수증이 115장이라고 할 때, 위의 그림그래프를 완성해 보세요.

17 영수증 1장에 80원씩 후원이 된다고 합니다. 가장 많이 후원을 받는 단체는 어느 단체이고, 얼마를 후원 받을까요?

( ), ( )

과수원별 포도 생산량을 조사하여 그림그래프로 나타내었습니다. 네 과수원의 전체 포도 생산량이 1050상자이고 나 과수원의 생산량이 다 과수원의 생산량의 2배일 때, 물음에 답하세요. (18~19)

과수원별 포도 생산량

과수원	포도 생산량
가	
나	
다	
라	

100상자 10상자

중요

18 나 과수원의 포도 생산량은 몇 상자일까요?

( )

19 그림그래프를 완성해 보세요.

20 오늘 뮤지컬을 보러 온 좌석 등급별 관람객 수를 조사하여 그림그래프로 나타내었습니다. R석이 12명일 때, 오늘 뮤지컬을 보러 온 관람객은 모두 몇 명일까요?

좌석 등급별 관람객 수

좌석 등급	관람객 수
VIP석	
R석	
S석	
A석	

( )

21 유진이네 학교 3학년 학생들의 혈액형을 조사하여 표로 나타내었습니다. 학생 수가 AB형인 학생 수의 2배인 혈액형은 무엇인지 풀이 과정을 쓰고 답을 구해 보세요.

혈액형별 학생 수

혈액형	A형	B형	O형	AB형	합계
학생 수(명)	42	24	30		111

풀이 ______________________________

____

____

답 ______________

22 어느 종합병원에서 하루 동안 온 환자 수를 진료 과목별로 조사하여 그림그래프로 나타내었습니다. 전체 환자가 890명이라면 소아 청소년과에 온 환자는 몇 명인지 풀이 과정을 쓰고 답을 구해 보세요.

진료 과목별 환자 수

진료 과목	환자 수
내과	◎◎◎○○○○
외과	◎◎○○○○○○○
소아 청소년과	
안과	○○○○○

◎ 100명
○ 10명

풀이 ______________________________

____

____

답 ______________

23 승기는 저금통을 뜯어서 나온 동전 수를 조사하여 그림그래프로 나타내었습니다. 저금통에 들어 있던 동전의 금액은 모두 얼마인지 풀이 과정을 쓰고 답을 구해 보세요.

저금통에 있던 동전 수

종류	동전 수
10원	◎◎◎◎◎◎○○
50원	◎◎◎○○○○○
100원	○○○○

◎ 10개
○ 1개

풀이

답

24 마을별 땅콩 생산량을 조사하여 그림그래프로 나타내었습니다. 땅콩을 모두 모아 한 상자에 5 kg씩 담으려고 할 때, 상자는 모두 몇 개 필요한지 풀이 과정을 쓰고 답을 구해 보세요.

마을별 땅콩 생산량

마을	땅콩 생산량
푸른	◆◆◇◇◇◇◇·
초원	◆◇◇◇◇◇◇····
보람	◆◇◇◇◇◇◇◇◇··
하늘	◆◆◇···

◆ 100 kg
◇ 10 kg
· 1 kg

풀이

답

초등 수학

3-2

정답과 해설

초등 수학

3-2

수학의 고수

정답과 해설

정답과 해설

1 곱셈

고수 확인문제

7쪽

1 예 2400, $621\times4=2484$, 2484　2 ㉡

3 (선 잇기)

4
$$\begin{array}{r} 9 \\ \times 85 \\ \hline 45 \\ 720 \\ \hline 765 \end{array}$$

5 (1) > (2) <　6 1352 cm

1 • 621을 600이라고 어림하여 4번 더하면 2400쯤입니다.
• 621을 4번 더했으므로 $621\times4=2484$입니다.

2
$$\begin{array}{r} 70 \\ \times 50 \\ \hline 3500 \end{array}$$
㉠㉡㉢㉣

3 $19\times80=1520$, $23\times70=1610$, $41\times30=1230$

4 9×80의 계산에서 자리를 맞추어 써서 계산해야 합니다.

5 (1) $27\times33=891$, $49\times15=735$ ⇨ $891>735$
(2) $34\times80=2720$, $67\times43=2881$
⇨ $2720<2881$

6 (필요한 리본의 길이)$=52\times26=1352$(cm)

STEP 1 고수 대표유형문제

8~14쪽

1 대표문제 ㉢, ㉠, ㉡
1단계 4992, 4991, 5283
2단계 5283, 4992, 4991　3단계 ㉢, ㉠, ㉡
유제 1 ㉡, ㉢, ㉣, ㉠　유제 2 준영, 지원, 유림

2 대표문제 2700개
1단계 60, 1200　2단계 50, 1500
3단계 1200, 1500, 2700
유제 3 75개　유제 4 5600번

3 대표문제 1150
1단계 25, 71, 25, 46　2단계 46, 1150
유제 5 100　유제 6 1620

4 대표문제 3, 8, 5, 1
1단계 8　2단계 8, 3　3단계 3, 1850, 5
4단계 1850, 1
유제 7 (위에서부터) 3, 5, 1, 3, 4
유제 8 17

5 대표문제 1, 2, 3
1단계 1800　2단계 1416, 1888, 1800, 4
3단계 1, 2, 3
유제 9 5개　유제 10 56

6 대표문제 6, 4, 2, 8, 5136
1단계 큰에 ○표, 8　2단계 2, 4, 6, 642
3단계 642, 8, 5136
유제 11 9, 7, 1, 639
유제 12 8, 3, 7, 5, 6225(또는 7, 5, 8, 3, 6225)

7 대표문제 618 cm
1단계 214, 3, 642　2단계 2, 2, 24
3단계 642, 24, 618
유제 13 2155 cm　유제 14 1219 cm

유제 1 ㉠ $56\times37=2072$, ㉡ $24\times68=1632$,
㉢ $41\times42=1722$, ㉣ $97\times19=1843$
⇨ $1632<1722<1843<2072$이므로 계산 결과가 작은 순서대로 기호를 써 보면 ㉡, ㉢, ㉣, ㉠입니다.

유제 2 지원: $70\times50=3500$, 준영: $83\times47=3901$, 유림: $397\times8=3176$
⇨ $3901>3500>3176$이므로 계산 결과가 큰 순서대로 이름을 써 보면 준영, 지원, 유림입니다.

유제 3 처음에 있던 무는 $18\times20=360$(개)이고, 판 무는 $15\times19=285$(개)이므로 팔고 남은 무는 $360-285=75$(개)입니다.

유제 4 일주일은 7일입니다.
일주일 동안 줄넘기를 나영이는 $250\times7=1750$(번), 준우는 $550\times7=3850$(번) 했습니다.

따라서 두 사람이 일주일 동안 줄넘기를 한 횟수는 모두 1750+3850=5600(번)입니다.

유제 5 어떤 수를 □라 하여 잘못 계산한 식을 세우면 □×40=2400이므로 □=60입니다.
따라서 바르게 계산하면 60+40=100입니다.

유제 6 어떤 수를 □라 하여 잘못 계산한 식을 세우면 □÷18=5이므로 □=18×5=90입니다.
따라서 바르게 계산하면 90×18=1620입니다.

유제 7

$$\begin{array}{r} ㉠\ 6 \\ \times\ 6\ ㉡ \\ \hline 1\ 8\ 0 \\ 2\ ㉢\ 6\ 0 \\ \hline 2\ ㉣\ ㉤\ 0 \end{array}$$

㉠6×㉡=180에서 6과 ㉡의 곱의 일의 자리 수가 0이므로 ㉡=5입니다.
㉠6×5=180이므로 ㉠=3입니다.
36×60=2160이므로 ㉢=1입니다.
180+2160=2340이므로 ㉣=3, ㉤=4입니다.

유제 8 ㉠×3=㉢58에서 ㉠과 3의 곱의 일의 자리 수가 8이므로 ㉠=6입니다.
86×3=258이므로 ㉢=2입니다.
86×㉡0=1㉣20에서 6과 ㉡0의 곱의 십의 자리 수가 2이므로 ㉡은 2 또는 7이어야 하는데
86×20=1720(○), 86×70=6020(×)이므로 ㉡=2이고, ㉣=7입니다.
따라서 ㉠+㉡+㉢+㉣=6+2+2+7=17입니다.

유제 9 40×80=3200입니다.
648×4=2592, 648×5=3240이므로 648×□>3200에서 □ 안에는 4보다 큰 수가 들어가야 합니다. 따라서 □ 안에 들어갈 수 있는 수는 5, 6, 7, 8, 9이므로 모두 5개입니다.

참고

648×□에서 648을 600이라고 어림하여 3200과 가깝게 되는 □를 생각해 볼 수 있습니다.
600×④=2400, 600×⑤=3000
⇨ 648×④=2592, 648×⑤=3240

유제 10 396×7=2772입니다.
50×50=2500, 60×50=3000이므로 2772<□×50에서 □ 안에 들어갈 수 있는 가장 작은 수는 5●임을 알 수 있습니다.
55×50=2750, 56×50=2800이므로 □ 안에 들어갈 수 있는 가장 작은 수는 56입니다.

유제 11 한 자리 수에 가장 큰 수인 9를 놓고, 나머지 수 카드 1, 7로 가장 큰 두 자리 수를 만들면 71입니다.
따라서 계산 결과가 가장 큰 곱셈식은 9×71=639입니다.

유제 12

$$\begin{array}{r} ㉠㉣ \\ \times\ ㉡㉢ \\ \hline \end{array}$$

에서 ㉠, ㉡, ㉢, ㉣의 순서로 큰 수를 넣을 때 계산 결과가 가장 큰 곱셈식이 되므로 (두 자리 수)×(두 자리 수)는 83×75입니다.
따라서 계산 결과가 가장 큰 곱셈식은 83×75=6225입니다.

유제 13 색 테이프 50장의 길이는 48×50=2400(cm)이고 겹쳐진 부분은 50−1=49(군데)이므로 겹쳐진 부분의 길이는 5×49=245(cm)입니다.
따라서 이어 붙인 색 테이프 전체의 길이는 2400−245=2155(cm)입니다.

유제 14 종이 테이프 22장의 길이는 64×22=1408(cm)이고 겹쳐진 부분은 22−1=21(군데)이므로 겹쳐진 부분의 길이는 9×21=189(cm)입니다.
따라서 이어 붙인 종이 테이프 전체의 길이는 1408−189=1219(cm)입니다.

STEP 2 고수 실전문제

15~17쪽

1 1615 **2** 1096 cm **3** 990 **4** 80
5 6100원 **6** 1804 km **7** 1470킬로칼로리
8 400원 **9** 342명 **10** 1724개 **11** 16자루
12 12, 13 **13** 2263 **14** 20쪽 **15** 7
16 8, 6, 3, 9, 7767 **17** 3, 6, 8, 2, 736
18 1315 m

1 100이 3개, 10이 2개, 1이 3개인 수는 323입니다.
⇨ 323×5=1615

2 정사각형은 네 변의 길이가 같습니다.
⇨ (정사각형의 네 변의 길이의 합)
=274×4=1096(cm)

3 두 자리 수 중에서 가장 큰 수는 99이고, 가장 작은 수는 10입니다.
⇨ (가장 큰 수)×(가장 작은 수)=99×10=990

4 $32\times75=2400$이므로 □$\times30=2400$입니다.
□ 안에 알맞은 수는 몇십이고 ●$\times3=24$, ●$=8$이므로 □ 안에 알맞은 수는 80입니다.

5 (어른 입장료)$=850\times4=3400$(원)
(어린이 입장료)$=450\times6=2700$(원)
따라서 입장료는 모두 $3400+2700=6100$(원)입니다.

6 (서울~대전~부산)$=164+287=451$(km)이고
2번 왕복했으므로 이동한 횟수는 4번입니다.
따라서 이동한 거리는 $451\times4=1804$(km)입니다.

7 (삶은 고구마 5개의 열량)$=154\times5=770$(킬로칼로리)
(땅콩 70개의 열량)$=10\times70=700$(킬로칼로리)
⇨ (하윤이네 가족이 먹은 간식의 열량)
$=770+700=1470$(킬로칼로리)

8 (지우개 4개의 가격)$=450\times4=1800$(원)
(도화지 20장의 가격)$=90\times20=1800$(원)
⇨ (거스름돈)$=4000-1800-1800=400$(원)

9 25명씩 14줄로 세우면 $25\times14=350$(명)이고, 8명이 모자라므로 규량이네 학교의 3학년 학생은 모두 $350-8=342$(명)입니다.

10 (20개씩 꽂은 80꼬챙이의 곶감 수)
$=20\times80=1600$(개)
⇨ (전체 곶감 수)$=1600+124=1724$(개)

11 연필 한 타는 12자루이므로 준비한 연필은 $12\times78=936$(자루)입니다. 이것을 920명의 학생들에게 한 자루씩 나누어 주었으므로 남은 연필은 $936-920=16$(자루)입니다.

12 $67\times11=737$, $67\times12=804$, $67\times13=871$, $67\times14=938$이므로 □ 안에 들어갈 수 있는 수는 12, 13입니다.

13 31♣42 ⇨ $31+42=73$, $73\times31=2263$

14 6월의 날수는 30일입니다.
1일부터 20일까지 읽은 책의 쪽수는
$35\times20=700$(쪽)입니다.
남은 10일 동안 $900-700=200$(쪽)을 모두 읽어야 합니다. 하루에 읽는 쪽수를 □라 하면
□$\times10=200$, □$=20$(쪽)씩 읽어야 합니다.

15 ♥$\times$♥$=$□5에서 같은 수를 곱해서 곱의 일의 자리 수가 5가 되는 수는 5이므로 ♥$=5$입니다.
♥$\times$♥$=5\times5=25$이므로 십의 자리 계산에서 2를 올려 12가 되므로 ★$\times5=10$, ★$=2$입니다.
⇨ $225\times5=1125$(○)
따라서 ★$+$♥$=2+5=7$입니다.

16 한 자리 수에 가장 큰 수를 쓰고 남은 수 중 큰 순서대로 3장을 뽑아 가장 큰 세 자리 수를 만듭니다.

참고

㉡㉢㉣
× ㉠

에서 ㉠>㉡>㉢>㉣일 때 계산 결과가 가장 큰 곱셈식이 됩니다.

17 한 자리 수에 가장 작은 수를 쓰고 남은 수 중 작은 순서대로 3장을 뽑아 가장 작은 세 자리 수를 만듭니다.

참고

㉢㉡㉠
× ㉣

에서 ㉠>㉡>㉢>㉣일 때 계산 결과가 가장 작은 곱셈식이 됩니다.

18 $528=264+264$이므로 산책로 한쪽에 심을 나무는 264그루입니다.
산책로 처음과 끝에도 나무를 심으므로 나무 사이의 간격은 $264-1=263$(군데)입니다.
따라서 산책로의 길이는 $5\times263=1315$(m)입니다.

STEP 3 고수 최고문제

18~19쪽

1 2976개 **2** 10 cm **3** 3390 m **4** 836
5 5, 7 **6** 30봉지

1 (3대의 기계로 하루에 만들 수 있는 장난감 수)
$=38+29+29=96$(개)
⇨ (8월 한 달 동안 만들 수 있는 장난감 수)
$=96\times31=2976$(개)

2 (색 테이프 41장의 길이)$=50\times41=2050$(cm)
겹쳐진 부분의 전체 길이는
$2050-1650=400$(cm)입니다. 따라서 겹쳐진 부분은 $41-1=40$(군데)이고 $10\times40=400$이므로 10 cm씩 겹쳐지게 하여 이어 붙였습니다.

3 1분 32초$=$1분$+$32초$=$60초$+$32초$=$92초

(기차가 1분 32초 동안 달렸을 때 움직인 거리)
$=38\times92=3496$(m)
⇨ (터널의 길이)$=3496-106=3390$(m)

4 바뀐 세 자리 수를 ㉠㉡㉢이라 하면 ㉠㉡㉢$\times9=5742$에서 ㉢$\times9$의 일의 자리 수가 2이므로 ㉢$=8$입니다.
㉡$\times9+7=\square4$이고 ㉡$\times9$의 일의 자리 수는 7이므로 ㉡$=3$입니다.
㉠$\times9+3=57$이고 ㉠$\times9=54$이므로 ㉠$=6$입니다. 따라서 처음 세 자리 수는 836입니다.

5 두 수의 곱이 네 자리 수가 되므로 ■와 ▲는 모두 0과 1이 아닙니다.
▲×■의 일의 자리 수가 ■가 되는 수의 쌍 (▲, ■)는 (3, 5), (6, 2), (6, 4), (6, 8), (7, 5), (9, 5)입니다. 이 수를 넣어 곱을 구하면
$53\times35=1855$(×), $26\times62=1612$(×),
$46\times64=2944$(×), $86\times68=5848$(×),
$57\times75=4275$(○), $59\times95=5605$(×)입니다.
따라서 ■$=5$, ▲$=7$입니다.

6 도미노는 모두 $56\times16=896$, $896+4=900$(개)입니다. 이것을 한 봉지에 30개씩 넣으면
30 × (봉지 수) = 900이므로 30봉지가 됩니다.
(10배, 10배, 100배)
3 × 3 = 9

고수 단원평가문제 20~24쪽

1 200 **2**

```
    3 6
  × 7 4
  -----
  1 4 4
2 5 2 0
-------
2 6 6 4
```

3 28
4 368, 1472 **5** ㉣ **6** 1197
7 (위에서부터) 5, 8 **8** 680원 **9** 14번
10 소금, 30 g **11** 4720 **12** 7
13 2208 **14** 756 m **15** 6460 **16** 513 cm
17 512마리 **18** 5, 27

19 풀이 ❶ 학생들에게 나누어 준 구슬은 $24\times37=888$(개)입니다. ❷ 학생들에게 나누어 주고 9개가 남았으므로 처음에 있던 구슬은 $888+9=897$(개)입니다. 답 897개

20 풀이 ❶ $75+\square=113$이므로 $\square=38$입니다.
❷ 따라서 바르게 계산하면 $75\times38=2850$입니다.
답 2850

21 풀이 ❶ 1시간 14분=1시간+14분 =60분+14분=74분입니다. ❷ 1시간 14분 동안 진선이는 $52\times74=3848$(걸음)을 걷고, 소영이는 $63\times74=4662$(걸음)을 걷습니다.
❸ 따라서 소영이가 $4662-3848=814$(걸음) 더 많이 걷습니다. 답 소영, 814걸음

22 풀이 ❶ 삼각형의 세 변의 길이의 합은 $215\times3=645$(cm)이므로 삼각형 4개를 만드는 데 철사를 $645\times4=2580$(cm) 사용했습니다.
❷ 사각형의 네 변의 길이의 합은 $174\times4=696$(cm)이므로 사각형 3개를 만드는 데 철사를 $696\times3=2088$(cm) 사용했습니다.
❸ 따라서 도형을 만드는 데 철사를 모두 $2580+2088=4668$(cm) 사용했으므로 50 m=5000 cm에서 남은 철사는 $5000-4668=332$(cm)입니다. 답 332 cm

23 풀이 ❶ $50\times50=2500$, $60\times60=3600$이므로 펼친 두 면의 쪽수의 십의 자리 수는 5입니다.
❷ 두 쪽수의 곱의 일의 자리 수가 0이므로 연속된 두 수를 곱하여 일의 자리 수가 0이 되는 경우를 찾아보면 (0, 1), (4, 5), (5, 6)입니다. 두 쪽수가 50쪽, 51쪽일 때는 $50\times51=2550$(×), 두 쪽수가 54쪽, 55쪽일 때는 $54\times55=2970$(○), 두 쪽수가 55쪽, 56쪽일 때는 $55\times56=3080$(×)입니다. ❸ 따라서 두 쪽수의 합은 $54+55=109$입니다. 답 109

1 [2]는 십의 자리 계산 $70\times3=210$에서 200을 백의 자리로 올림한 수입니다.

3 $6\times14=84$, $4\times28=112$ ⇨ $112-84=28$

4 $16\times23=368$, $368\times4=1472$

5 ㉠ $30\times40=1200$, ㉡ $60\times20=1200$, ㉢ $15\times80=1200$, ㉣ $26\times50=1300$
따라서 계산 결과가 다른 것은 ㉣입니다.

6 $63>31>24>19$이므로 가장 큰 수는 63, 가장 작은 수는 19입니다. ⇨ $63\times19=1197$

7

$$\begin{array}{r} \boxed{㉡}\ 6\ 7 \\ \times \quad \boxed{㉠} \\ \hline 4\ 5\ 3\ 6 \end{array}$$

일의 자리 계산에서 $7\times$㉠의 일의 자리 수가 6이므로 ㉠$=8$입니다.
$67\times8=536$이므로 백의 자리 수와 8의 곱은 40이 되어야 하므로 ㉡$=5$입니다.

8 (초콜릿 4개의 가격)$=580\times4=2320$(원)
⇨ (거스름돈)$=3000-2320=680$(원)

9 오늘까지 한 윗몸일으키기 횟수는
$34\times29=986$(번)이므로 1000번을 하려면
$1000-986=14$(번)을 더 해야 합니다.

10 (설탕의 양)$=15\times76=1140$(g)
(소금의 양)$=18\times65=1170$(g)
따라서 소금이 $1170-1140=30$(g) 더 많습니다.

11 $40\times\square=3200$, $\square=80$
따라서 이 상자에 59를 넣으면 $59\times80=4720$이 나옵니다.

12 $862\times6=5172$, $862\times7=6034$이므로 □ 안에는 6보다 큰 수가 들어가야 합니다.
⇨ □ 안에 들어갈 수 있는 가장 작은 수는 7입니다.

13 만들 수 있는 가장 큰 두 자리 수는 96이고 가장 작은 두 자리 수는 23이므로 두 수의 곱은
$96\times23=2208$입니다.

14 도로의 처음과 끝에도 가로등을 세우므로 가로등 사이의 간격은 $43-1=42$(군데)입니다.
따라서 도로의 길이는 $18\times42=756$(m)입니다.

15 ㉠$=163$, ㉡$=95$이므로 $163-95=$㉢, ㉢$=68$입니다. ⇨ $163★95=68\times95=6460$

16 (색 테이프 13장의 길이)$=45\times13=585$(cm)
겹쳐진 부분은 $13-1=12$(군데)이므로
(겹쳐진 부분의 길이)$=6\times12=72$(cm)입니다.
따라서 이어 붙인 색 테이프 전체의 길이는
$585-72=513$(cm)입니다.

17

시간	처음	1	2	3	4
세균 수(마리)	2	4	8	16	32
시간	5	6	7	8	……
세균 수(마리)	64	128	256	512	……

18 합이 32가 되는 두 수를 찾고, 두 수의 곱을 알아봅니다.

한 자리 수	1	2	3	4	5	……
두 수의 수	31	30	29	28	27	……
두 수의 곱	31	60	87	112	135	……

19 평가상의 유의점 나누어 준 구슬 수에 남은 구슬 수를 더하여 처음에 있던 구슬 수를 구했는지 확인합니다.

단계	채점 기준	점수
❶	학생들에게 나누어 준 구슬 수 구하기	3점
❷	처음에 있던 구슬 수 구하기	2점

20 평가상의 유의점 잘못 계산한 식에서 어떤 수를 구하고 바르게 계산했는지 확인합니다.

단계	채점 기준	점수
❶	잘못 계산한 식에서 어떤 수 구하기	2점
❷	바르게 계산한 값 구하기	3점

21 평가상의 유의점 진선이와 소영이가 1시간 14분 동안 걷는 걸음 수를 구한 후 알맞게 답을 구했는지 확인합니다.

단계	채점 기준	점수
❶	1시간 14분은 몇 분인지 구하기	1점
❷	진선이와 소영이가 1시간 14분 동안 걷는 걸음 수를 각각 구하기	3점
❸	누가 몇 걸음 더 많이 걷는지 구하기	1점

22 평가상의 유의점 도형의 성질을 이용하여 알맞은 곱셈식을 만들고, m 단위를 cm 단위로 나타내어 남은 철사의 길이를 구했는지 확인합니다.

단계	채점 기준	점수
❶	삼각형 4개를 만드는 데 사용한 철사의 길이 구하기	2점
❷	사각형 3개를 만드는 데 사용한 철사의 길이 구하기	2점
❸	도형을 만들고 남은 철사의 길이 구하기	1점

23 평가상의 유의점 두 면의 쪽수를 예상하여 펼친 두 면의 쪽수의 합을 구했는지 확인합니다.

단계	채점 기준	점수
❶	두 면의 쪽수의 십의 자리 수 구하기	1점
❷	두 쪽수의 곱의 일의 자리 수가 0이 되는 수를 이용하여 두 쪽수 구하기	3점
❸	두 쪽수의 합 구하기	1점

2 나눗셈

고수 확인문제

27쪽

1 (1) 2, 20 (2) 3, 30
2 16
3
```
    1 2
6 ) 7 6
    6
    1 6
    1 2
      4
```
4 ㉡
5 46명
6 55÷3=18 ··· 1, 18, 1

2 5<80이므로 80÷5=16입니다.

3 십의 자리 수에서 7을 6으로 나누고, 남은 1과 일의 자리 수 6을 합친 16을 6으로 나누어야 합니다.

4 ㉠ 56÷4=14 ㉡ 75÷5=15 ㉢ 96÷8=12
⇨ 몫이 14보다 큰 것은 ㉡입니다.

5 184÷4=46(명)

6 3 곱하기 18은 54이고, 54에 나머지 1을 더하면 55가 됩니다. 55가 나누어지는 수가 되므로 나눗셈식은 55÷3=18 ··· 1입니다.
⇨ 몫은 18이고, 나머지는 1입니다.

STEP 1 고수 대표유형문제

28~34쪽

1 대표문제 3, 4, 5
1단계 6, 6 2단계 6, 3, 4, 5
유제 1 4개 유제 2 6

2 대표문제 13, 1
1단계 92, 58, 40, 9, 7, 92, 7
2단계 92, 7, 13, 1
3단계 13, 1
유제 3 179, 4 유제 4 10

3 대표문제 52개
1단계 60, 2, 30 2단계 88, 4, 22
3단계 30, 22, 52
유제 5 원 모양 딱지, 10원 유제 6 123권

4 대표문제 24, 2
1단계 2, 2, 146, 146 2단계 146, 24, 2, 24, 2
유제 7 10, 2 유제 8 31, 3

5 대표문제 28, 1
1단계 85, 3 2단계 85, 3, 28, 1, 28, 1
유제 9 2, 4, 7, 9, 27, 4 유제 10 17

6 대표문제 84
1단계 9, 10, 11, 7, 84, 91, 98
2단계 84
유제 11 6개 유제 12 78

7 대표문제 1, 5, 9
1단계 3
2단계 3, 3, 83, 3, 79, 3, 75, 3, 71
3단계 1, 5, 9
유제 13 5

유제 1 어떤 수를 3으로 나누면 나머지는 3보다 작아야 합니다.
따라서 보기 의 수 중 나머지가 될 수 없는 수는 3, 4, 5, 6으로 모두 4개입니다.

유제 2 나머지는 항상 나누는 수보다 작아야 합니다. 나머지 중 가장 큰 수가 5이므로 나누는 수는 5보다 1 큰 수인 6입니다.
따라서 ★에 알맞은 수는 6입니다.

유제 3 백의 자리 수가 8인 세 자리 수 중에서 가장 큰 수는 899입니다.
⇨ 899÷5=179 ··· 4이므로 몫은 179이고, 나머지는 4입니다.

유제 4 가장 작은 세 자리 수는 100이고 가장 큰 한 자리 수는 9입니다.
⇨ 100÷9=11 ··· 1이므로 몫은 11이고, 나머지는 1입니다.
따라서 몫과 나머지의 차는 11−1=10입니다.

유제 5 (원 모양 딱지 한 장의 가격)=120÷3=40(원)
(별 모양 딱지 한 장의 가격)=150÷5=30(원)
따라서 원 모양 딱지가 별 모양 딱지보다 40−30=10(원) 더 비쌉니다.

유제 6 책은 모두 $145+224=369$(권)입니다.
따라서 3단 책장에 똑같이 나누어 꽂으려면 한 단에 $369\div3=123$(권)씩 꽂아야 합니다.

유제 7 어떤 수를 □라 하여 잘못 계산한 식을 세우면 $82+\square=90$이므로 $\square=90-82$, $\square=8$입니다.
따라서 바르게 계산하면 $82\div8=10\cdots2$이므로 몫은 10, 나머지는 2입니다.

유제 8 어떤 수를 □라 하여 잘못 계산한 식을 세우면 $\square\times4=508$이므로 $\square=508\div4$, $\square=127$입니다.
따라서 바르게 계산하면 $127\div4=31\cdots3$이므로 몫은 31, 나머지는 3입니다.

유제 9 몫이 가장 작으려면 가장 작은 수를 가장 큰 수로 나누어야 합니다.
⇨ 나누어지는 수는 가장 작은 세 자리 수인 247, 나누는 수는 가장 큰 한 자리 수인 9입니다.

유제 10 몫이 가장 크려면 가장 큰 수를 가장 작은 수로 나누어야 하므로 $86\div4=21\cdots2$이지만 나누어떨어지지 않습니다. $84\div6=14$, $68\div4=17\cdots\cdots$
따라서 나누어떨어지면서 몫이 가장 크게 되는 나눗셈식은 $68\div4=17$이므로 몫은 17입니다.

유제 11 5로 나누었을 때 나머지가 4인 수는
$44\div5=8\cdots4$, $49\div5=9\cdots4$, $54\div5=10\cdots4$이므로 5만큼씩 차이가 납니다.
따라서 50과 80 사이의 수 중에서 5로 나누었을 때 나머지가 4인 수는 54, 59, 64, 69, 74, 79이므로
(+5 +5 +5 +5 +5)
모두 6개입니다.

유제 12 2로 나누어떨어지는 수는
$70\div2=35$, $72\div2=36$, $74\div2=37$이므로 2만큼씩 차이가 납니다.
76, 78, 80, 82
(+2 +2 +2)
이 중에서 3으로 나누어떨어지는 수는
$76\div3=25\cdots1$, $78\div3=26$, $80\div3=26\cdots2$, $82\div3=27\cdots1$이므로 78입니다.
따라서 75보다 크고 83보다 작은 수 중에서 2로도 나누어떨어지고 3으로도 나누어 떨어지는 수는 78입니다.

유제 13 나눗셈의 몫을 ▲라 하고, 계산 결과가 맞는지 확인하는 식을 이용하면 $6\times▲+1=8\square$입니다.
- $▲=13 \rightarrow 6\times13+1=79$
- $▲=14 \rightarrow 6\times14+1=85$
- $▲=15 \rightarrow 6\times15+1=91$

따라서 □ 안에 들어갈 수 있는 수는 5입니다.
다른 풀이 십의 자리 수가 8인 수 중에서 6으로 나누었을 때 나누어떨어지는 수를 구해 보면 $84\div6=14$이므로 $\square=4$일 때입니다.
따라서 나머지가 1이려면 □ 안에는 4보다 1 큰 수인 5가 들어가야 합니다. ⇨ $85\div6=14\cdots1$

STEP 2 고수 실전문제

35～37쪽

1 125, 25 **2** ㉠, ㉣, ㉢, ㉡ **3** ㉡
4 12 **5** 11주 3일 **6** 나, 1 cm **7** 1
8 2개 **9** 128자루, 4자루
10 (위에서부터) 4, 4, 9, 1, 6 **11** 15상자
12 99 **13** 2 **14** 42개 **15** 635
16 120개 **17** 78 **18** 3, 9, 7, 5, 4

1 $375\div3=125$, $125\div5=25$

2 ㉠ $62\div8=7\cdots6$ ㉡ $590\div5=118$
㉢ $79\div2=39\cdots1$ ㉣ $986\div3=328\cdots2$
⇨ 나머지의 크기를 비교하면 $6>2>1>0$이므로 나머지가 큰 것부터 차례로 기호를 쓰면 ㉠, ㉣, ㉢, ㉡입니다.

3 ㉠ $30\div4=7\cdots2$ ㉡ $48\div5=9\cdots3$
㉢ $52\div6=8\cdots4$ ㉣ $45\div7=6\cdots3$
⇨ 몫의 크기를 비교하면 $9>8>7>6$이므로 몫이 가장 큰 것은 ㉡입니다.

4 ㉠$\div2=30$에서 ㉠$=2\times30=60$입니다.
따라서 ㉡$=60\div5=12$입니다.

5 일주일은 7일입니다. ⇨ $80\div7=11\cdots3$
따라서 80일은 11주 3일입니다.

6 (가 도형의 한 변의 길이)$=48\div4=12$(cm)
(나 도형의 한 변의 길이)$=39\div3=13$(cm)
따라서 나 도형의 한 변의 길이가 $13-12=1$(cm) 더 깁니다.

7 나누어지는 수를 □라 하면 □÷3=27입니다.
□=3×27=81이므로 [8][?]에서 [?]에 알맞은 수는 1입니다.

8 45÷3=15, 72÷4=18이므로 15<□<18에서 □ 안에 들어갈 수 있는 수는 16, 17로 모두 2개입니다.

9 연필 한 타는 12자루이므로 75타는
12×75=900(자루)입니다.
⇨ 900÷7=128…4에서 한 상자에 128자루씩 담을 수 있고, 4자루가 남습니다.

10 나누는 수와 몫의 십의 자리 수 2의 곱이 8이 되므로 나누는 수는 4이고 나누어지는 수는 99입니다.
따라서 99÷4=24…3입니다.

11 117÷8=14…5에서 8개씩 담으면 14상자가 되고 초콜릿 5개가 남습니다.
⇨ 남은 초콜릿 5개도 담아야 하므로 적어도
14+1=15(상자)가 필요합니다.

12 어떤 수를 □라 하여 나눗셈식으로 나타내면
□÷7=14…1입니다.
따라서 어떤 수는 7×14+1=99입니다.

13 7㉠÷3에서 70부터 79까지의 수 중 3으로 나누어떨어지는 수는 72÷3=24, 75÷3=25,
78÷3=26이므로 ㉠에 들어갈 수 있는 수는 2, 5, 8입니다.
7㉡÷4에서 72, 75, 78 중 4로 나누어떨어지는 수는 72÷4=18이므로 ㉡에 들어갈 수 있는 수는 2입니다.
⇨ □ 안에 공통으로 들어갈 수 있는 수는 2입니다.

14 방울토마토 70개는 70÷5=14(개)의 접시에 담을 수 있습니다.
따라서 딸기는 3×14=42(개) 필요합니다.

15 계산 결과가 맞는지 확인하는 식을 이용하면
6×105+□=㉠입니다.
나누는 수가 6이므로 □ 안에 들어갈 수 있는 가장 큰 수는 5입니다.
따라서 ㉠에 들어갈 수 있는 가장 큰 수는 635입니다.

16 714÷6=119이므로 가로등 사이의 간격은 모두 119군데입니다.
도로의 처음과 끝에도 가로등을 세워야 하므로 가로등은 모두 119+1=120(개) 세워야 합니다.

17 60÷6=10, 66÷6=11……에서 6으로 나누어떨어지는 수들은 6만큼씩 차이가 납니다. 따라서 6으로 나누어떨어지는 수들은 66, 72, 78, 84……이고 이 중 75보다 크고 85보다 작은 수는 78, 84입니다.
78, 84 중에서 4로 나누었을 때 나머지가 2인 수는 78÷4=19…2로 78입니다.

18 나누는 수가 9이면 나머지가 될 수 있는 수는 0~8이고, 나누는 수가 7이면 나머지가 될 수 있는 수는 0~6, 나누는 수가 3이면 나머지가 될 수 있는 수는 0~2입니다. 따라서 나누는 수가 9인 경우부터 식을 만들어 봅니다.
⇨ 37÷9=4…1, 73÷9=8…1
39÷7=5…4, 93÷7=13…2
나누는 수가 3일 경우 나머지는 4가 될 수 없으므로 나머지가 가장 크게 되는 나눗셈식은
39÷7=5…4입니다.

STEP 3 고수 최고문제

38~39쪽

1 192개 **2** 32봉지 **3** 253장 **4** 78개
5 4 **6** 460장

1 닭 한 마리의 다리는 2개이므로
(닭의 수)=68÷2=34(마리)입니다.
(돼지의 수)=34+14=48(마리)이고, 돼지 한 마리의 다리는 4개입니다.
⇨ (돼지의 다리 수)=4×48=192(개)

2 세 사람이 캔 감자는 모두
153+135+96=384(개)입니다.
이것을 한 봉지에 4개씩 담으면 384÷4=96(봉지)가 됩니다.
따라서 한 상자에 96÷3=32(봉지)씩 담게 됩니다.

3 가로는 93÷4=23…1이므로 23장까지 자를 수 있습니다. 세로는 58÷5=11…3이므로 11장까지 자를 수 있습니다.
따라서 카드는 23×11=253(장)까지 만들 수 있습니다.

4 구슬 수는 8로 나누었을 때 나머지가 6이고, 5로 나누었을 때 나머지가 3인 수입니다. 8로 나누었을 때 나머지가 6인 나눗셈식을 쓰면 ■÷8=●…6이고, 계산 결과가 맞는지 확인하는 식을 쓰면 8×●+6=■입니다. 50보다 크고 100보다 작은 수 중 8×●+6인 수를 찾아보면 8×6=48이므로 8×6+6=54, 8×7+6=62, 8×8+6=70, 8×9+6=78, 8×10+6=86, 8×11+6=94입니다.
이 중에서 5로 나누었을 때 3이 남는 수는
78÷5=15…3입니다.
따라서 구슬은 78개입니다.

5 반복되는 규칙을 찾으면 1, 2, 3, 4, 3, 2이므로 6개의 수가 반복됩니다.
700÷6=116…4이므로 700번째 수는 6개의 수가 116번 반복된 다음 4번째 수인 4입니다.

6 687÷3=229이므로 태극기 사이의 간격은 모두 229군데입니다. 길의 처음과 끝에도 태극기를 게양하므로 길의 한쪽에 태극기가 229+1=230(장) 필요합니다.
따라서 길의 양쪽에 태극기를 게양하려면 태극기는 모두 230×2=460(장) 필요합니다.

고수 단원평가문제

40～44쪽

1 30 **2** 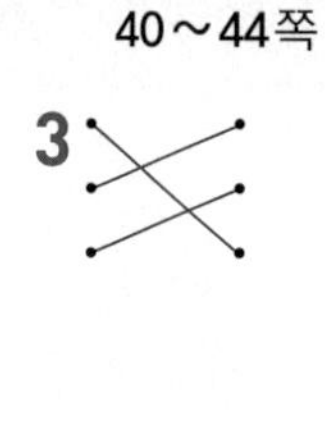 **3**

4 □÷5에 ○표 **5** 2

6 11, 12에 ○표 **7** 133, 3 **8** 죽마고우

9 61개, 1개 **10** 0, 5 **11** 3, 4, 6, 9, 38, 4

12 9, 7, 6, 3, 325, 1 **13** 18명

14 (위에서부터) 4, 2, 8, 4, 4 **15** 173 m

16 299개 **17** 90 **18** 202명

19 풀이 ❶ 어떤 수를 □라 하여 잘못 계산한 식을 세우면 □÷8=17입니다. ❷ □=8×17이므로 □=136입니다. ❸ 따라서 바르게 계산하면 136÷4=34이므로 몫은 34입니다. 답 34

20 풀이 ❶ 동화책의 전체 쪽수는 37×3=111(쪽)입니다. ❷ 111÷8=13…7이므로 하루에 8쪽씩 읽으면 13일 동안 읽고 7쪽이 남습니다. ❸ 따라서 남은 7쪽도 읽어야 하므로 동화책을 다 읽는 데 적어도 13+1=14(일)이 걸립니다. 답 14일

21 풀이 ❶ 만든 직사각형의 네 변의 길이의 합은 정사각형의 한 변의 길이의 8배입니다. ❷ 따라서 정사각형의 한 변의 길이는 120÷8=15(cm)입니다. 답 15 cm

22 풀이 ❶ 원 모양 호수 둘레에 꽂는 깃발 수는 깃발 사이의 간격 수와 같으므로 필요한 노란색 깃발은 378÷3=126(개)입니다. ❷ 필요한 초록색 깃발은 378÷6=63(개)입니다. ❸ 따라서 필요한 깃발은 모두 126+63=189(개)입니다. 답 189개

23 풀이 ❶ 3으로 나누어떨어지는 두 자리 수를 큰 수부터 차례로 써 보면 99, 96, 93, 90, 87…… 입니다. ❷ 이 중에서 5로 나누어떨어지는 수를 찾아보면 90÷5=18, 75÷5=15, 60÷5=12……입니다. ❸ 따라서 3으로 나누어도 나누어떨어지고 5로 나누어도 나누어떨어지는 수 중에서 가장 큰 두 자리 수는 90입니다. 답 90

5 • 65÷4=16…1 • 74÷5=14…4
• 92÷6=15…2
따라서 몫이 15인 나눗셈의 나머지는 2입니다.

6 117÷9=13이므로 □<13에서 □ 안에 들어갈 수 있는 수는 11, 12입니다.

7 801>273>9>6이므로 가장 큰 수는 801이고, 가장 작은 수는 6입니다. ⇨ 801÷6=133…3

8 마: 69÷3=23 우: 77÷7=11
고: 84÷4=21 죽: 86÷2=43
⇨ 43>23>21>11이므로 죽마고우입니다.

9 428÷7=61 … 1이므로 한 명이 61개씩 가질 수 있고, 1개가 남습니다.

10
```
   1
5)6□
  5
  1□
```
1□가 5로 나누어떨어져야 하므로 5의 단 곱셈구구 5×2=10, 5×3=15에서 찾습니다. 따라서 □ 안에 들어갈 수 있는 수는 0, 5입니다.

11 몫이 가장 작으려면 가장 작은 수를 가장 큰 수로 나누어야 합니다.

⇨ 나누어지는 수는 가장 작은 세 자리 수인 346, 나누는 수는 가장 큰 한 자리 수인 9입니다.

12 몫이 가장 크려면 가장 큰 수를 가장 작은 수로 나누어야 합니다.

⇨ 나누어지는 수는 가장 큰 세 자리 수인 976, 나누는 수는 가장 작은 한 자리 수인 3입니다.

13 (떡을 받은 사람 수)$=147\div3=49$(명)

3반 학생 수를 □명이라 하면 $16+15+\square=49$,

$31+\square=49$, $\square=49-31=18$

따라서 3반 학생 수는 18명입니다.

14

```
       ㉠㉡
   2)㉢ 4
     8
    ───
       ㉣
       ㉤
    ───
       0
```

$2\times$㉠$=8$이므로 ㉠$=4$입니다.

㉢$-8=0$이므로 ㉢$=8$입니다.

㉣$=4$이므로 $4-$㉤$=0$, ㉤$=4$입니다.

$2\times$㉡$=4$이므로 ㉡$=2$입니다.

15 $65\div5=13$이므로 모형 자동차는 1초에 13 m를 갑니다. 따라서 출발점에서 도착점까지의 거리는 $13\times13=169$(m)에 4 m를 더한 $169+4=173$(m)입니다.

16 가로는 $52\div4=13$(개), 세로는 $92\div4=23$(개)로 나눌 수 있습니다.

따라서 정사각형은 모두 $13\times23=299$(개)까지 만들 수 있습니다.

17 80보다 크고 100보다 작은 수 중에서 9로 나누어떨어지는 수는 $81\div9=9$, $90\div9=10$, $99\div9=11$이므로 81, 90, 99입니다. 이 중에서 7로 나누었을 때 나머지가 6인 수는 $90\div7=12\cdots6$이므로 조건을 모두 만족하는 수는 90입니다.

18 학생 수는 8로 나누면 나머지가 2이고 9로 나누면 나머지가 4인 수입니다. 8로 나누었을 때 나머지가 2인 나눗셈식을 쓰면 $■\div8=●\cdots2$이고, 계산 결과가 맞는지 확인하는 식을 쓰면 $8\times●+2=■$입니다.

200보다 크고 220보다 작은 수 중 $8\times●+2$인 수를 찾아보면 $8\times20=160$, $8\times30=240$이므로 $8\times25+2=202$, $8\times26+2=210$, $8\times27+2=218$입니다.

이 중에서 9로 나누었을 때 4가 남는 수는 $202\div9=22\cdots4$입니다.

따라서 3학년 학생은 202명입니다.

19 평가상의 유의점 잘못 계산한 식에서 어떤 수를 구하고 바르게 계산한 몫을 구했는지 확인합니다.

단계	채점 기준	점수
❶	어떤 수를 □라 하여 잘못 계산한 식 세우기	1점
❷	어떤 수 구하기	2점
❸	바르게 계산하여 몫 구하기	2점

20 평가상의 유의점 동화책의 전체 쪽수를 알아본 후 동화책을 다 읽는 데 걸리는 날수를 구했는지 확인합니다.

단계	채점 기준	점수
❶	동화책의 전체 쪽수 구하기	1점
❷	하루에 8쪽씩 읽을 때 걸리는 날수와 남는 쪽수 구하기	2점
❸	동화책을 다 읽는 데 걸리는 날수 구하기	2점

21 평가상의 유의점 만든 직사각형의 네 변의 길이의 합은 정사각형의 한 변의 길이의 몇 배인지를 알아본 후 정사각형의 한 변의 길이를 구했는지 확인합니다.

단계	채점 기준	점수
❶	만든 직사각형의 네 변의 길이의 합은 정사각형의 한 변의 길이의 몇 배인지 구하기	2점
❷	정사각형의 한 변의 길이 구하기	3점

22 평가상의 유의점 원 모양의 둘레에 일정한 간격으로 깃발을 꽂을 때 깃발 수와 깃발 사이의 간격 수 사이의 관계를 생각하여 답을 구했는지 확인합니다.

단계	채점 기준	점수
❶	필요한 노란색 깃발 수 구하기	2점
❷	필요한 초록색 깃발 수 구하기	2점
❸	필요한 전체 깃발 수 구하기	1점

23 평가상의 유의점 3과 5로 나누어떨어지는 두 자리 수를 각각 구한 후 가장 큰 두 자리 수를 구했는지 확인합니다.

단계	채점 기준	점수
❶	3으로 나누어떨어지는 두 자리 수 구하기	2점
❷	❶에서 구한 수 중에서 5로 나누어떨어지는 두 자리 수 구하기	2점
❸	❷에서 구한 수 중에서 가장 큰 두 자리 수 구하기	1점

3 원

고수 확인문제

47쪽

1 ㉠

2 8 cm

3 선분 ㄴㄹ(또는 선분 ㄹㄴ)

4 6 cm, 12 cm

5 예

6

1 원의 중심과 원 위의 한 점을 이은 선분은 ㉠입니다.

2 원의 지름은 모눈 8칸이므로 8 cm입니다.

3 원 위의 두 점을 이은 선분 중 원의 중심을 지나는 선분의 길이가 가장 깁니다.

4 (반지름)=(지름)÷2=12÷2=6(cm)

5 컴퍼스를 1 cm만큼 벌린 다음 원을 1개 그린 후 맞닿게 나머지 원을 1개 더 그립니다.

6 정사각형을 먼저 그린 후 아래쪽 두 꼭짓점을 중심으로 하여 반지름이 각각 모눈 2칸, 6칸인 원의 일부분을 2개씩 그립니다.

STEP 1 고수 대표유형문제

48~52쪽

1 대표문제 ㉡

1단계 12, 2, 8, 10 2단계 ㉡, ㉢, ㉠, ㉡

유제 1 > 유제 2 준영

2 대표문제 11 cm

1단계 7, 4 2단계 7, 4, 11

유제 3 42 cm 유제 4 23 cm

3 대표문제 5 cm

1단계 5, 5 2단계 25, 5, 5

유제 5 8 cm 유제 6 4 cm

4 대표문제 30 cm

1단계 2 2단계 5, 5, 10 3단계 10, 30

유제 7 48 cm 유제 8 22 cm

5 대표문제 5개

1단계

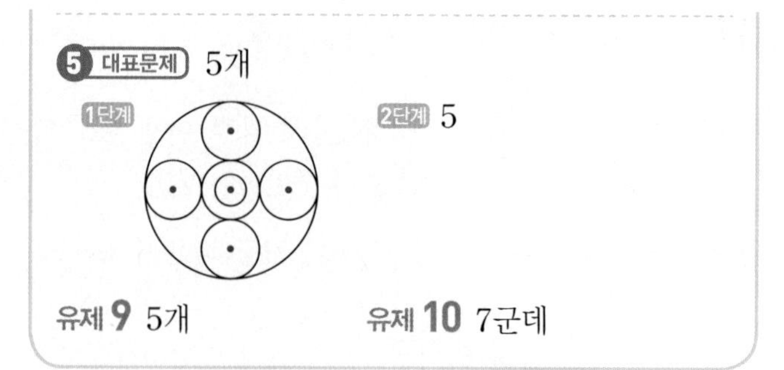

2단계 5

유제 9 5개 유제 10 7군데

유제 1 지름이 20 cm인 원의 반지름은 20÷2=10(cm)입니다.
원의 반지름이 길수록 더 큰 원이므로 반지름이 11 cm인 원이 더 큽니다.

유제 2 • 준영: 원의 지름은 6×2=12(cm)입니다.
• 기하: 한 변이 6 cm인 정사각형 안에 가장 크게 그린 원의 지름은 6 cm입니다.
따라서 크기가 다른 원을 말한 사람은 준영입니다.

유제 3 반지름이 7 cm이므로 지름은 7×2=14(cm)입니다. 따라서 선분 ㄱㄴ의 길이는 원의 지름의 3배이므로 14×3=42(cm)입니다.

유제 4 (선분 ㄱㄴ)=3+6=9(cm)
(선분 ㄴㄷ)=6+8=14(cm)
⇨ (선분 ㄱㄷ)=(선분 ㄱㄴ)+(선분 ㄴㄷ)
=9+14=23(cm)

유제 5 작은 원의 지름은 큰 원의 반지름과 같습니다.
따라서 작은 원의 지름은 8 cm입니다.

유제 6 큰 원의 지름이 12 cm이므로
(선분 ㅇㄱ)=12÷2=6(cm)입니다.
⇨ (선분 ㄱㄴ)=(선분 ㅇㄱ)−(선분 ㅇㄴ)
=6−2=4(cm)

유제 7 정사각형의 한 변은 원의 반지름의 4배이므로 3×4=12(cm)입니다.
따라서 정사각형의 네 변의 길이의 합은 12×4=48(cm)입니다.

유제 8 (변 ㄱㄴ)=2+5=7(cm)
(변 ㄴㄷ)=5+4=9(cm)
(변 ㄱㄷ)=2+4=6(cm)
따라서 삼각형 ㄱㄴㄷ의 세 변의 길이의 합은 7+9+6=22(cm)입니다.

유제 9 주어진 그림에 원의 중심을 표시하면 다음과 같습니다.

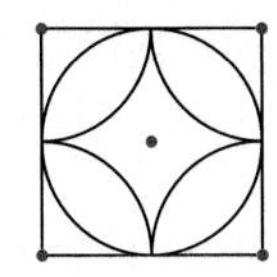

⇨ 원의 중심은 모두 5개입니다.

유제 10 주어진 그림에 원의 중심을 표시하면 다음과 같습니다.

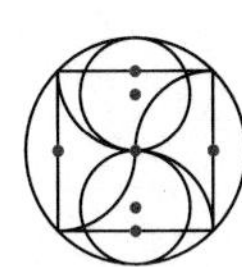

⇨ 컴퍼스의 침을 꽂아야 할 곳은 모두 7군데입니다.

STEP 2 고수 실전문제

53～55쪽

1 ㉢, ㉣, ㉠, ㉡		2 10 cm	3 32 cm
4 가, 나	5 4개	6 26 cm	7 8군데
8 96 mm	9 14 cm	10 10 cm	11 5개
12 112 cm	13 24 cm	14 26 cm	15 18 cm
16 10개	17 19 cm	18 8 cm	

1 지름을 구하여 비교해 봅니다.
㉠ 12 cm, ㉡ 10 cm, ㉢ 16 cm, ㉣ 14 cm
따라서 원의 크기가 큰 것부터 차례로 기호를 써 보면 ㉢, ㉣, ㉠, ㉡입니다.

2 그릴 수 있는 가장 큰 원의 지름은 정사각형의 한 변과 같은 10 cm입니다.

3 (직사각형의 가로)$=$(원의 지름)$\times 3$
$=4\times 3=12$(cm)
(직사각형의 세로)$=$(원의 지름)$=4$ cm
따라서 직사각형의 네 변의 길이의 합은
$12+4+12+4=32$(cm)입니다.

4 가

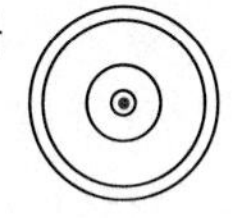

나

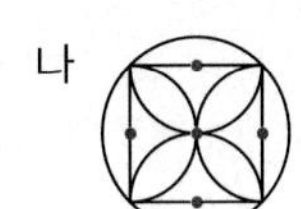

다

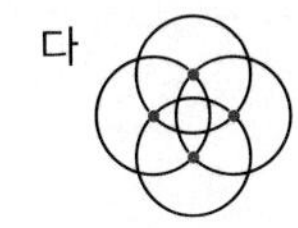

라

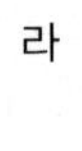

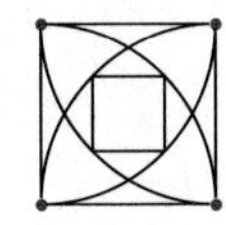

• 가 모양은 원의 중심은 같게 하고 반지름을 다르게 하여 그린 것입니다.

• 나 모양은 원의 중심도 다르고 반지름도 다르게 하여 그린 것입니다.

5 ⇨ 4개

6 (가장 작은 원의 지름)$=4\times 2=8$(cm)
(중간 원의 지름)$=9\times 2=18$(cm)
⇨ (가장 큰 원의 지름)$=8+18=26$(cm)

7 ⇨ 컴퍼스의 침을 꽂아야 할 곳은 원의 중심이 되는 점이므로 모두 8군데입니다.

8 (100원짜리 동전의 반지름)$=24\div 2=12$(mm)
사각형 ㄱㄴㄷㄹ은 정사각형이고 정사각형 ㄱㄴㄷㄹ의 한 변은 $12\times 2=24$(mm)입니다.
따라서 정사각형 ㄱㄴㄷㄹ의 네 변의 길이의 합은
$24\times 4=96$(mm)입니다.

9 (변 ㅇㄱ)$+$(변 ㅇㄴ)$=26-12=14$(cm)
변 ㅇㄱ과 변 ㅇㄴ은 원의 반지름이므로 길이가 같습니다.
⇨ (변 ㅇㄱ)$=$(변 ㅇㄴ)$=14\div 2=7$(cm)
따라서 원의 지름은 $7\times 2=14$(cm)입니다.

10 (큰 원의 지름)$=20\times 2=40$(cm)
⇨ (작은 원의 지름)$=40\div 4=10$(cm)
다른 풀이 작은 원의 지름은 큰 원의 반지름의 반이므로 $20\div 2=10$(cm)입니다.

11 주어진 모양을 그리려면 가장 큰 원과 그것과 크기가 같은 원을 4개 더 그려야 하고 가운데에 중간 원과 작은 원을 1개씩 그려야 합니다.
⇨ 크기가 같은 원은 5개 그려야 합니다.

12 정사각형의 한 변은 작은 원의 반지름의 4배이므로 $7\times 4=28$(cm)입니다.
따라서 정사각형의 네 변의 길이의 합은
$28\times 4=112$(cm)입니다.

13 (중간 원의 반지름)$=32\div 2=16$(cm)
(가장 작은 원의 반지름)$=16\div 2=8$(cm)
⇨ (선분 ㄱㄴ)$=8+16=24$(cm)

14 (변 ㄴㄱ)=(변 ㄴㄷ)=8 cm
(변 ㄹㄱ)=(변 ㄹㄷ)=5 cm
따라서 사각형 ㄱㄴㄷㄹ의 네 변의 길이의 합은
$8+8+5+5=26$ (cm)입니다.

15 작은 원의 지름은 큰 원의 반지름과 같으므로
$12 \div 2=6$ (cm)입니다.
⇨ (선분 ㄱㄴ)=(작은 원의 지름)+(큰 원의 지름)
$=6+12=18$ (cm)

16 직사각형의 세로는 원의 지름과 같으므로 원의 반지름은 $16 \div 2=8$ (cm)입니다. $88 \div 8=11$이므로 직사각형의 가로는 원의 반지름의 11배입니다.
⇨ 원을 ●개 겹쳐서 그리면 반지름이 (●+1)개인 선분이 만들어지므로 그린 원은 모두
$11-1=10$ (개)입니다.

17 (삼각형 ㄱㄴㄷ의 세 변의 길이의 합)
=(세 원의 반지름의 합)×2+9=47 (cm)
(세 원의 반지름의 합)×2=38 (cm)
⇨ (세 원의 반지름의 합)=$38 \div 2=19$ (cm)

18 큰 원의 지름이 10 cm이므로 반지름은 5 cm입니다.
$32-10-10=12$ (cm)이므로 작은 원의 지름은
$12 \div 2=6$ (cm)이고, 반지름은 3 cm입니다.
⇨ (선분 ㅁㅂ)
=(작은 원의 반지름)+(큰 원의 반지름)
$=3+5=8$ (cm)

STEP 3 고수 최고문제

56~57쪽

1 36 cm	**2** 48 cm	**3** 13 cm
4 156 cm	**5** 30 cm	**6** 7개

1 (변 ㄱㄴ)=$6+4=10$ (cm)
(변 ㄴㄷ)=$4+5=9$ (cm)
(변 ㄷㄹ)=$5+3=8$ (cm)
(변 ㄹㄱ)=$3+6=9$ (cm)
⇨ (사각형 ㄱㄴㄷㄹ의 네 변의 길이의 합)
$=10+9+8+9=36$ (cm)

2 (작은 원의 반지름)=$36 \div 3=12$ (cm)
큰 원의 반지름은 작은 원의 지름과 같으므로
(큰 원의 반지름)=$12 \times 2=24$ (cm)입니다.
⇨ (큰 원의 지름)=$24 \times 2=48$ (cm)
다른 풀이 큰 원의 지름은 작은 원의 반지름의 4배이므로 $12 \times 4=48$ (cm)입니다.

3 가장 큰 원의 지름이 34 cm이고 가장 작은 원의 반지름이 8 cm이므로 중간 원의 지름은
$34-8=26$ (cm)입니다.
⇨ (㉠의 길이)=(중간 원의 반지름)
$=26 \div 2=13$ (cm)

4 (원의 지름)=$3 \times 2=6$ (cm)
⇨ 빨간색 선의 길이는 원의 지름의 26배이므로
$6 \times 26=156$ (cm)입니다.

5 원 2개를 원의 중심이 지나도록 겹쳐서 그린 후 원 1개를 맞닿게 그리는 것이 반복되는 규칙입니다.
⇨ 원을 3개 그릴 때마다 직사각형의 가로는 원의 반지름의 5배가 되므로 5 cm씩 늘어납니다.
따라서 원을 18개 그렸을 때 ㉠의 길이는
$5 \times 6=30$ (cm)입니다.

6 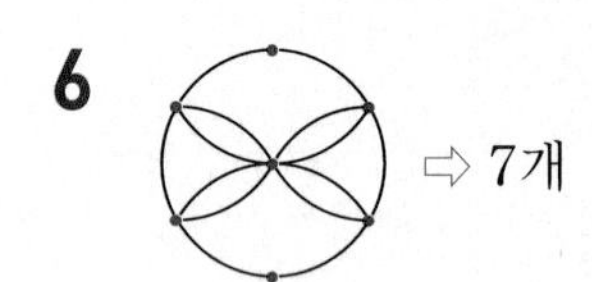 ⇨ 7개

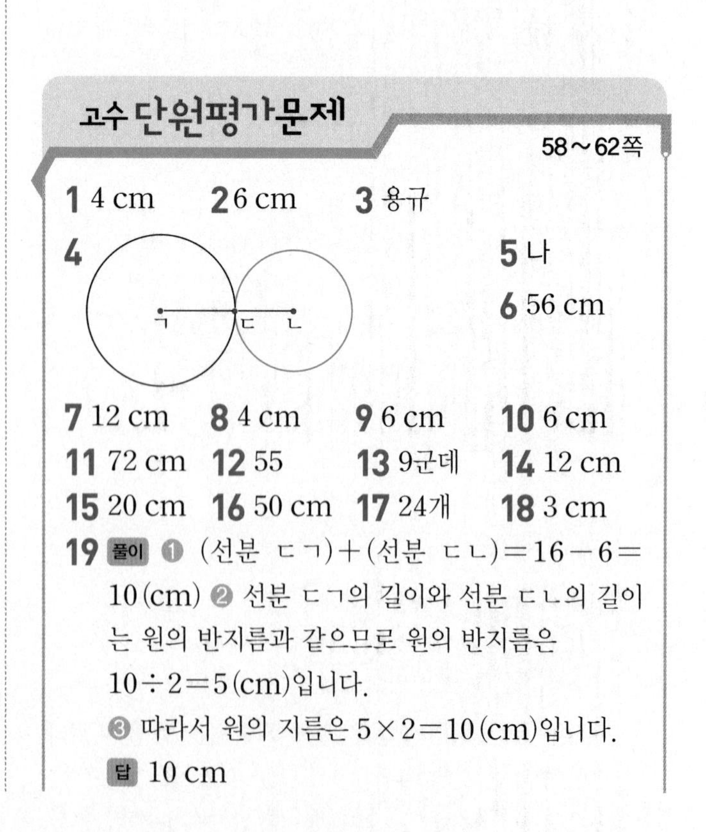

고수 단원평가문제

58~62쪽

1 4 cm **2** 6 cm **3** 용규

4

5 나
6 56 cm

7 12 cm	**8** 4 cm	**9** 6 cm	**10** 6 cm
11 72 cm	**12** 55	**13** 9군데	**14** 12 cm
15 20 cm	**16** 50 cm	**17** 24개	**18** 3 cm

19 **풀이** ❶ (선분 ㄷㄱ)+(선분 ㄷㄴ)=$16-6=10$ (cm) ❷ 선분 ㄷㄱ의 길이와 선분 ㄷㄴ의 길이는 원의 반지름과 같으므로 원의 반지름은
$10 \div 2=5$ (cm)입니다.
❸ 따라서 원의 지름은 $5 \times 2=10$ (cm)입니다.
답 10 cm

20 풀이 ❶ 컴퍼스를 16 cm만큼 벌려서 그린 큰 원의 반지름이 16 cm이므로 작은 원의 지름은 16 cm입니다. ❷ 따라서 작은 원의 반지름은 $16 \div 2 = 8$ (cm)입니다. 답 8 cm

21 풀이 ❶ 직사각형의 가로는 원의 반지름의 6배이므로 $7 \times 6 = 42$ (cm)입니다. ❷ 직사각형의 세로는 원의 반지름의 2배이므로 $7 \times 2 = 14$ (cm)입니다. ❸ 따라서 직사각형의 네 변의 길이의 합은 $42 + 14 + 42 + 14 = 112$ (cm)입니다.
답 112 cm

22 풀이 ❶ 원의 지름은 $5 \times 2 = 10$ (cm)입니다.
❷ 파란색 선의 길이는 원의 지름의 14배입니다.
❸ 따라서 파란색 선의 길이는
$10 \times 14 = 140$ (cm)입니다. 답 140 cm

23 풀이 ❶ 삼각형의 세 변은 각각 원의 반지름과 같습니다. ❷ 삼각형의 한 변은 원의 반지름과 같으므로 $12 \div 3 = 4$ (cm)입니다.
❸ 따라서 삼각형 ㄱㄴㄷ의 세 변의 길이의 합은
$4 + 4 + 4 = 12$ (cm)입니다. 답 12 cm

1 컴퍼스를 벌린 만큼이 원의 반지름이 되므로 그린 원의 반지름은 2 cm입니다.
따라서 원의 지름은 $2 \times 2 = 4$ (cm)입니다.

2 한 원에서 원의 반지름은 모두 같으므로
(선분 ㅇㄴ)=(선분 ㅇㄷ)=3 cm입니다.
⇨ (선분 ㅇㄴ)+(선분 ㅇㄷ)
$= 3 + 3 = 6$ (cm)

3 원의 중심과 원 위의 한 점을 이은 선분이 반지름이므로 한 원에서 반지름은 무수히 많습니다.

4 선분 ㄴㄷ의 길이만큼 컴퍼스를 벌린 후 점 ㄴ에 컴퍼스의 침을 꽂고 원을 그립니다.

5

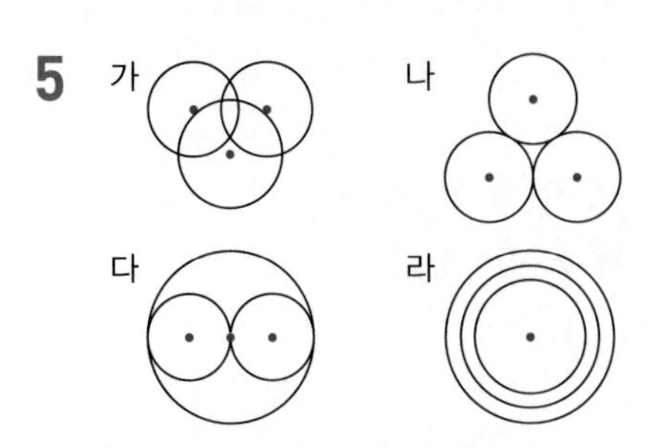

나: 원의 반지름이 같으면 크기가 같은 원이 그려집니다.

6 정사각형의 한 변은 원의 지름과 같습니다.
따라서 원의 지름이 $7 \times 2 = 14$ (cm)이므로 정사각형의 네 변의 길이의 합은 $14 \times 4 = 56$ (cm)입니다.

7 선분 ㄱㄴ의 길이는 원의 반지름의 3배입니다.
⇨ (선분 ㄱㄴ)$= 4 \times 3 = 12$ (cm)

8 (큰 원의 반지름)$= 20 \div 2 = 10$ (cm)
⇨ (작은 원의 반지름)$= 10 - 6 = 4$ (cm)

9 (작은 원의 지름)=(큰 원의 반지름)
$= 24 \div 2 = 12$ (cm)
⇨ (선분 ㄱㄴ)=(작은 원의 반지름)
$= 12 \div 2 = 6$ (cm)

10 (가장 큰 원의 반지름)$= 3 + 4 = 7$ (cm)
(가장 큰 원의 지름)$= 7 \times 2 = 14$ (cm)
(중간 원의 지름)$= 4 \times 2 = 8$ (cm)
⇨ (가장 작은 원의 지름)$= 14 - 8 = 6$ (cm)

11 (작은 원의 지름)$= 9 \times 2 = 18$ (cm)
작은 원의 지름은 큰 원의 반지름과 같으므로
선분 ㄱㄴ의 길이는 작은 원의 지름의 4배입니다.
⇨ (선분 ㄱㄴ)$= 18 \times 4 = 72$ (cm)

12 원을 ●개 겹쳐서 그리면 반지름이 (●+1)개인 선분이 만들어집니다.
⇨ 선분의 길이는 원의 반지름의 11배이므로 선분의 길이는 $5 \times 11 = 55$ (cm)입니다.

13 주어진 그림에 컴퍼스의 침을 꽂아야 할 곳을 표시하면 다음과 같습니다.

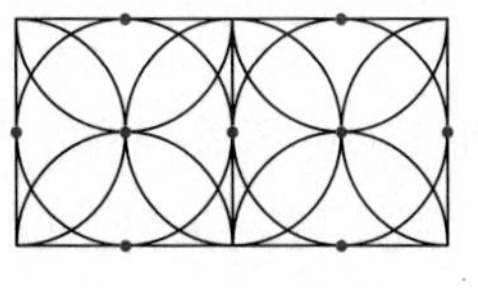 ⇨ 9군데

14 ㉯ 원의 반지름을 □cm라 하면 ㉮ 원의 반지름은 (□×3) cm이고, 지름은 (□×6) cm입니다.
⇨ □×6=72이므로 □=12입니다.
다른 풀이 (㉮ 원의 반지름)$= 72 \div 2 = 36$ (cm)
⇨ (㉯ 원의 반지름)$= 36 \div 3 = 12$ (cm)

15 (작은 원의 반지름)$= 25 \div 5 = 5$ (cm)
⇨ (큰 원의 반지름)$= 5 \times 4 = 20$ (cm)

16 작은 원의 반지름을 □cm라 하면
70+70+□+□−20=220, □+□=100,
□=50입니다.

17 수막새의 지름은 10 cm이므로 가로로 $60 \div 10 = 6$(개), 세로로 $40 \div 10 = 4$(개)를 만들 수 있습니다.
따라서 모두 $6 \times 4 = 24$(개)까지 만들 수 있습니다.

18 사각형의 네 변은 각각의 원의 지름이므로 사각형 ㄱㄴㄷㄹ은 네 변의 길이가 같은 정사각형입니다.
따라서 원의 지름은 $24 \div 4 = 6$(cm)이고
원의 반지름은 $6 \div 2 = 3$(cm)입니다.

19 평가상의 유의점 삼각형의 변의 길이와 원의 반지름 사이의 관계를 알아본 후 원의 지름을 구했는지 확인합니다.

단계	채점 기준	점수
❶	선분 ㄷㄱ의 길이와 선분 ㄷㄴ의 길이의 합 구하기	2점
❷	원의 반지름 구하기	2점
❸	원의 지름 구하기	1점

20 평가상의 유의점 큰 원의 반지름을 이용하여 작은 원의 반지름을 구했는지 확인합니다.

단계	채점 기준	점수
❶	큰 원의 반지름과 작은 원의 지름 구하기	3점
❷	작은 원의 반지름 구하기	2점

21 평가상의 유의점 직사각형의 가로와 세로를 구한 후 직사각형의 네 변의 길이의 합을 구했는지 확인합니다.

단계	채점 기준	점수
❶	직사각형의 가로 구하기	2점
❷	직사각형의 세로 구하기	2점
❸	직사각형의 네 변의 길이의 합 구하기	1점

22 평가상의 유의점 파란색 선의 길이는 원의 지름의 몇 배인지 구한 후 파란색 선의 길이를 구했는지 확인합니다.

단계	채점 기준	점수
❶	원의 지름 구하기	2점
❷	파란색 선의 길이는 원의 지름의 몇 배인지 구하기	2점
❸	파란색 선의 길이 구하기	1점

23 평가상의 유의점 원의 반지름을 구한 후 삼각형 ㄱㄴㄷ의 세 변의 길이의 합을 구했는지 확인합니다.

단계	채점 기준	점수
❶	삼각형의 세 변과 원의 반지름 사이의 관계 이해하기	2점
❷	삼각형의 한 변 구하기	2점
❸	삼각형 ㄱㄴㄷ의 세 변의 길이의 합 구하기	1점

4 분수

고수 확인문제

65쪽

1 5, $\frac{2}{5}$ **2** (1) 6 (2) 3 (3) 15 **3** 45분

4 $\frac{4}{5}$, $\frac{5}{9}$ / $\frac{6}{6}$, $\frac{10}{3}$ / $1\frac{3}{7}$, $2\frac{1}{4}$ **5** ㉣

6 수학

1 (사과 10개를 2개씩 묶은 그림)

10을 2씩 묶으면 5묶음이 됩니다. 4는 10의 $\frac{2}{5}$입니다.

2 (1) 구슬 18개를 3묶음으로 똑같이 나누면 1묶음은 전체의 $\frac{1}{3}$이므로 18의 $\frac{1}{3}$은 6입니다.
(2) 구슬 18개를 6묶음으로 똑같이 나누면 1묶음은 전체의 $\frac{1}{6}$이므로 18의 $\frac{1}{6}$은 3입니다.
(3) 구슬 18개를 6묶음으로 똑같이 나누면 1묶음은 전체의 $\frac{1}{6}$이므로 18의 $\frac{1}{6}$은 3입니다.

따라서 18의 $\frac{5}{6}$는 $3 \times 5 = 15$입니다.

3 1시간=60분입니다.
60분의 $\frac{1}{4}$은 15분이므로 60분의 $\frac{3}{4}$은 45분입니다.

5 ㉠ $1\frac{4}{7} = \frac{11}{7}$ ㉡ $3\frac{1}{5} = \frac{16}{5}$ ㉢ $2\frac{9}{10} = \frac{29}{10}$

6 $\frac{13}{12} = 1\frac{1}{12}$이므로 $\frac{13}{12} < 1\frac{5}{12}$입니다.
따라서 더 오래 공부한 과목은 수학입니다.

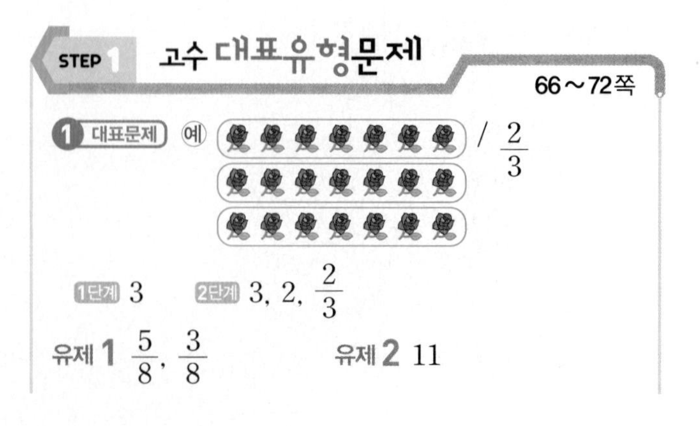

STEP 1 고수 대표유형문제

66~72쪽

1 대표문제 예 (그림) / $\frac{2}{3}$

1단계 3 2단계 3, 2, $\frac{2}{3}$

유제 **1** $\frac{5}{8}$, $\frac{3}{8}$ 유제 **2** 11

2 대표문제 20 cm

1단계 3, 10, 10, 30 2단계 30, 30, 20

유제 3 18쪽 유제 4 16명

3 대표문제 76

1단계 4, 4, 28 2단계 8, 8, 48

3단계 28, 48, 76

유제 5 45개 유제 6 20

4 대표문제 3개

1단계 3, 6 2단계 6 3단계 없습니다에 ○표

4단계 3

유제 7 6개 유제 8 12개

5 대표문제 $\frac{6}{3}$

1단계 7, 6, 5 2단계 $\frac{6}{3}$ 3단계 $\frac{6}{3}$

유제 9 $\frac{5}{7}$ 유제 10 $4\frac{1}{4}$, $4\frac{2}{3}$

6 대표문제 $\frac{35}{9}$

1단계 3, 8, 작을수록에 ○표, 9, $3\frac{8}{9}$

2단계 $3\frac{8}{9}$, $\frac{35}{9}$

유제 11 $\frac{38}{13}$ 유제 12 $\frac{59}{12}$

7 대표문제 9개

1단계 25 2단계 25, 15, 25 3단계 16, 17, 9

유제 13 3 유제 14 10

유제 1 16을 2씩 묶으면 8묶음이 됩니다. 10은 8묶음 중 5묶음이므로 10은 16의 $\frac{5}{8}$이고, 6은 8묶음 중 3묶음이므로 6은 16의 $\frac{3}{8}$입니다.

유제 2 32를 4씩 묶으면 8묶음이 됩니다. 20은 8묶음 중 5묶음이므로 20은 32의 $\frac{5}{8}$입니다. ⇨ ㉠=8
40을 8씩 묶으면 5묶음이 됩니다. 24는 5묶음 중 3묶음이므로 24는 40의 $\frac{3}{5}$입니다. ⇨ ㉡=3
따라서 ㉠+㉡=8+3=11입니다.

유제 3 81쪽의 $\frac{7}{9}$은 81쪽을 똑같이 9로 나눈 것 중 7입니다. 81쪽을 똑같이 9로 나눈 것 중의 1은 $81\div9=9$(쪽)이므로 지금까지 읽은 쪽수는 $9\times7=63$(쪽)입니다.
따라서 더 읽어야 하는 쪽수는 $81-63=18$(쪽)입니다.

유제 4 자전거를 타고 등교하는 학생 수는 32명의 $\frac{1}{4}$이므로 $32\div4=8$(명)입니다.
나머지 학생 $32-8=24$(명)의 $\frac{1}{3}$은 $24\div3=8$(명)이므로 24명의 $\frac{2}{3}$는 $8\times2=16$(명)입니다.
따라서 학교에 도보로 등교하는 학생은 16명입니다.

유제 5 전체의 $\frac{4}{9}$가 20개이므로 전체의 $\frac{1}{9}$은 $20\div4=5$(개)입니다.
따라서 기하가 가지고 있는 구슬은 모두 $5\times9=45$(개)입니다.

유제 6 어떤 수의 $\frac{3}{5}$이 18이므로 어떤 수의 $\frac{1}{5}$은 $18\div3=6$입니다.
⇨ 어떤 수는 $6\times5=30$입니다.
따라서 30의 $\frac{1}{3}$은 $30\div3=10$이므로 30의 $\frac{2}{3}$는 $10\times2=20$입니다.

유제 7
- 분모가 3인 진분수: $\frac{1}{3}$
- 분모가 5인 진분수: $\frac{1}{5}$, $\frac{3}{5}$
- 분모가 8인 진분수: $\frac{1}{8}$, $\frac{3}{8}$, $\frac{5}{8}$

따라서 만들 수 있는 진분수는 모두 6개입니다.

유제 8
- 자연수가 3인 대분수: $3\frac{5}{8}$, $3\frac{5}{9}$, $3\frac{8}{9}$
- 자연수가 5인 대분수: $5\frac{3}{8}$, $5\frac{3}{9}$, $5\frac{8}{9}$
- 자연수가 8인 대분수: $8\frac{3}{5}$, $8\frac{3}{9}$, $8\frac{5}{9}$
- 자연수가 9인 대분수: $9\frac{3}{5}$, $9\frac{3}{8}$, $9\frac{5}{8}$

따라서 만들 수 있는 대분수는 모두 12개입니다.

유제 9 분모와 분자의 차가 2인 진분수는 $\frac{1}{3}$, $\frac{2}{4}$, $\frac{3}{5}$, $\frac{4}{6}$, $\frac{5}{7}$, $\frac{6}{8}$……입니다. 이 중에서 분모와 분자의 합이 12가 되는 분수는 $\frac{5}{7}$입니다.

따라서 조건을 모두 만족하는 분수는 $\frac{5}{7}$입니다.

유제 10 자연수 부분이 4인 대분수는 4와 진분수로 이루어진 분수입니다. 분모와 분자의 합이 5인 진분수는 $\frac{1}{4}$, $\frac{2}{3}$입니다.

따라서 조건을 모두 만족하는 분수는 $4\frac{1}{4}$, $4\frac{2}{3}$입니다.

유제 11 2와 3 사이에 있는 분수 중에서 분모가 13인 가장 큰 대분수는 $2\frac{12}{13}$입니다.

따라서 대분수 $2\frac{12}{13}$를 가분수로 나타내면 $\frac{38}{13}$입니다.

유제 12 4와 5 사이에 있는 분수 중에서 분자가 11인 가장 큰 대분수는 $4\frac{11}{12}$입니다.

따라서 대분수 $4\frac{11}{12}$을 가분수로 나타내면 $\frac{59}{12}$입니다.

유제 13 가분수 $\frac{15}{11}$를 대분수로 나타내면 $1\frac{4}{11}$입니다.

$1\frac{4}{11}$와 $1\frac{\square}{11}$를 비교해 보면 자연수 부분과 분모가 같으므로 분자의 크기를 비교해 보면 $4>\square$입니다. 따라서 □ 안에 들어갈 수 있는 수는 1, 2, 3이고 이 중에서 가장 큰 수는 3입니다.

유제 14 가분수 $\frac{43}{8}$을 대분수로 나타내면 $5\frac{3}{8}$입니다.

$\square\frac{5}{8}<5\frac{3}{8}$이므로 □ 안에 들어갈 수 있는 수는 1, 2, 3, 4입니다. 따라서 □ 안에 들어갈 수 있는 수들의 합은 $1+2+3+4=10$입니다.

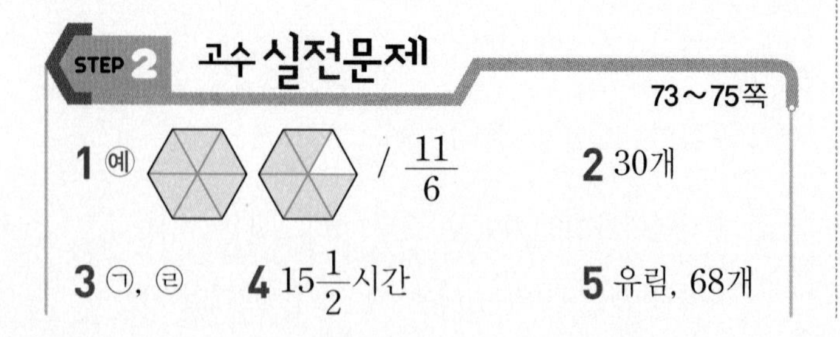

STEP 2 고수 실전문제 73～75쪽

1 예 / $\frac{11}{6}$　**2** 30개　**3** ㉠, ㉣　**4** $15\frac{1}{2}$시간　**5** 유림, 68개

6 28개　**7** 80 cm　**8** 16개　**9** $\frac{4}{4}$, $\frac{5}{4}$, $\frac{6}{4}$, $\frac{5}{5}$, $\frac{6}{5}$, $\frac{6}{6}$　**10** 4

11 13시간　**12** 박력분　**13** 120　**14** 11개

15 $3\frac{11}{13}$컵, $3\frac{12}{13}$컵　**16** $\frac{45}{9}$　**17** 3, 4, 5

18 45 cm

2 분모가 31인 진분수는 분자가 31보다 작은 수입니다.
따라서 분모가 31인 진분수는 $\frac{1}{31}$, $\frac{2}{31}$, $\frac{3}{31}$…… $\frac{29}{31}$, $\frac{30}{31}$이므로 모두 30개입니다.

3 ㉠ 63을 21씩 묶으면 3묶음이고 21은 3묶음 중 1묶음이므로 21은 63의 $\frac{1}{3}$입니다.
㉣ 63을 7씩 묶으면 9묶음이고 21은 9묶음 중 3묶음이므로 21은 63의 $\frac{3}{9}$입니다.

4 10월의 날수는 31일입니다.
⇨ 매일 $\frac{1}{2}$시간씩 31일은 $\frac{31}{2}$시간$=15\frac{1}{2}$시간입니다.

5 지원: 160개의 $\frac{1}{8}$은 $160\div8=20$(개)이므로 160개의 $\frac{3}{8}$은 $20\times3=60$(개)입니다.
기하: 160개의 $\frac{1}{5}$은 $160\div5=32$(개)입니다.
유림: $160-60-32=68$(개)입니다.
⇨ $68>60>32$이므로 유림이가 사탕을 68개로 가장 많이 가졌습니다.

6 승기: 20개의 $\frac{1}{5}$은 $20\div5=4$(개)이므로 20개의 $\frac{4}{5}$는 $4\times4=16$(개)입니다.
연수: 42개의 $\frac{1}{7}$은 $42\div7=6$(개)이므로 42개의 $\frac{2}{7}$는 $6\times2=12$(개)입니다.
따라서 두 사람이 먹은 아몬드는 모두 $16+12=28$(개)입니다.

7 25 cm의 $\frac{1}{5}$은 $25\div5=5$ (cm)이므로 25 cm의 $\frac{3}{5}$은 $5\times3=15$ (cm)입니다.

따라서 직사각형의 네 변의 길이의 합은
$25+15+25+15=80$ (cm)입니다.

8 28개씩 2상자이므로 초콜릿은 $28\times2=56$(개)입니다. 56개의 $\frac{1}{7}$은 $56\div7=8$(개)이므로 56개의 $\frac{5}{7}$는 $8\times5=40$(개)입니다.
따라서 동생에게 준 초콜릿은 $56-40=16$(개)입니다.

9 가분수는 분자가 분모와 같거나 분모보다 큰 분수이므로 만들 수 있는 가분수는 $\frac{4}{4}$, $\frac{5}{4}$, $\frac{6}{4}$, $\frac{5}{5}$, $\frac{6}{5}$, $\frac{6}{6}$입니다.

10 ▲=30일 때 $\frac{30}{7}=4\frac{2}{7}$이고 ▲=40일 때 $\frac{40}{7}=5\frac{5}{7}$이므로 $\frac{30}{7}<\frac{▲}{7}<\frac{40}{7}$ ⇨ $4\frac{2}{7}<\square\frac{\square}{7}<5\frac{5}{7}$입니다.
따라서 □ 안에 공통으로 들어갈 수 있는 수는 4입니다.

11 하루는 24시간입니다.
잠을 잔 시간: 24시간의 $\frac{1}{3}$ ⇨ $24\div3=8$(시간)
공부를 한 시간: 24시간의 $\frac{1}{8}$ ⇨ $24\div8=3$(시간)
따라서 잠을 자거나 공부를 하고 남은 시간은
$24-8-3=13$(시간)입니다.

12 박력분: $\frac{14}{3}$ 큰 술, 설탕: $3\frac{2}{3}$ 큰 술
$\frac{14}{3}=4\frac{2}{3}$이고 $4\frac{2}{3}>3\frac{2}{3}$이므로 박력분이 더 많이 필요합니다.

13 어떤 수의 $\frac{1}{6}$이 12이므로 어떤 수는 $12\times6=72$입니다. 대분수 $1\frac{2}{3}$를 가분수로 나타내면 $\frac{5}{3}$입니다.
따라서 72의 $\frac{1}{3}$은 $72\div3=24$이므로 72의 $\frac{5}{3}$는 $24\times5=120$입니다.

14 분모가 8인 대분수는 $▲\frac{■}{8}$입니다.
가분수 $\frac{21}{8}$을 대분수로 나타내면 $2\frac{5}{8}$입니다.
$2\frac{5}{8}$보다 작은 분수를 구하면 자연수 부분이 1인 경우는 $1\frac{1}{8}$, $1\frac{2}{8}$, $1\frac{3}{8}$, $1\frac{4}{8}$, $1\frac{5}{8}$, $1\frac{6}{8}$, $1\frac{7}{8}$로 7개이고, 자연수 부분이 2인 경우는 $2\frac{1}{8}$, $2\frac{2}{8}$, $2\frac{3}{8}$, $2\frac{4}{8}$로 4개이므로 모두 $7+4=11$(개)입니다.

15 $\frac{49}{13}$를 대분수로 나타내면 $3\frac{10}{13}$이므로 밀가루의 양은 $3\frac{10}{13}$컵보다 많고 4컵보다 적습니다.
따라서 밀가루의 양이 될 수 있는 경우는 $3\frac{11}{13}$컵, $3\frac{12}{13}$컵입니다.

16 분모를 □라 하면 분자는 분모의 5배이므로 $\square\times5$입니다. 분모와 분자의 합이 54이므로
$\square+\square\times5=\square\times6=54$, $\square=9$입니다.
따라서 분모는 9, 분자는 $9\times5=45$인 $\frac{45}{9}$입니다.
다른 풀이 분자가 분모의 5배인 가분수를 써보면
$\frac{5}{1}$, $\frac{10}{2}$, $\frac{15}{3}$, $\frac{20}{4}$, $\frac{25}{5}$, $\frac{30}{6}$, $\frac{35}{7}$, $\frac{40}{8}$, $\frac{45}{9}$ ……입니다. 이 중에서 분모와 분자의 합이 54인 경우는 $\frac{45}{9}$입니다.

17 ㉠이 20보다 크고 40보다 작은 수이므로
$\frac{20}{6}=3\frac{2}{6}$, $\frac{40}{6}=6\frac{4}{6}$에서
$\frac{20}{6}<\frac{㉠}{6}<\frac{40}{6}$ ⇨ $3\frac{2}{6}<㉡\frac{5}{6}<6\frac{4}{6}$입니다.
따라서 ㉡이 될 수 있는 수는 3, 4, 5입니다.

18 짧은 도막의 길이는 전체의 $\frac{2}{5}$이므로 전체의 $\frac{1}{5}$은 $30\div2=15$ (cm)입니다.
따라서 전체의 $\frac{3}{5}$은 $15\times3=45$ (cm)입니다.

STEP 3 고수 최고문제

76~77쪽

1 $2\frac{2}{8}$(또는 $2\frac{1}{4}$) **2** $8\frac{2}{5}$ **3** $2\frac{1}{3}$
4 16 m **5** 220명 **6** 목성

1 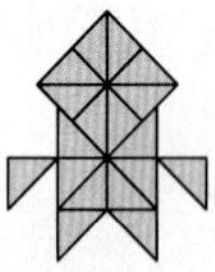

주어진 모양을 왼쪽 그림과 같이 나누면 ㉠ 모양 18개로 나눌 수 있으므로 $\frac{1}{8}$이 18개인 수입니다. ⇨ $\frac{18}{8}=2\frac{2}{8}$

다른 풀이 ㉢ 모양이 2개 있고, $\frac{1}{4}$만큼 더 있으므로 $2\frac{1}{4}$이라고 할 수도 있습니다.

2 대분수를 모두 가분수로 나타내어 봅니다.

$\frac{2}{5}, \frac{4}{5}, \frac{6}{5}, \frac{8}{5}, \frac{10}{5}, \frac{12}{5}$......

분모는 5로 같고, 분자가 2부터 2씩 커지는 규칙입니다.
따라서 21번째 분수는 분모가 5이고, 분자는 $2\times21=42$이므로 $\frac{42}{5}=8\frac{2}{5}$입니다.

3 분자와 분모의 합이 10인 경우를 모두 찾은 다음 분자와 분모의 차가 4인 경우를 찾습니다.

분자	9	8	7	6	5
분모	1	2	3	4	5
차	8	6	4	2	0

따라서 조건을 모두 만족하는 가분수는 $\frac{7}{3}$이므로 대분수로 나타내면 $2\frac{1}{3}$입니다.

4 25 m의 $\frac{1}{5}$은 $25\div5=5$(m)이므로 첫 번째로 튀어 오른 공의 높이는 25 m의 $\frac{4}{5}$인 $5\times4=20$(m)입니다.
20 m의 $\frac{1}{5}$은 $20\div5=4$(m)이므로 두 번째로 튀어 오른 공의 높이는 20 m의 $\frac{4}{5}$인 $4\times4=16$(m)입니다.

5 여학생 수는 전체의 $\frac{6}{11}$이므로 남학생 수는 전체의 $\frac{5}{11}$입니다.

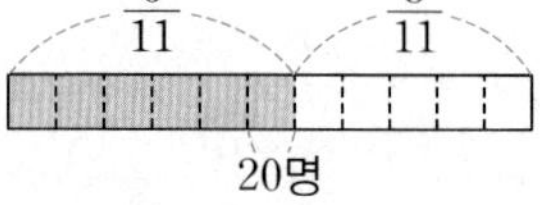

위의 그림에서 여학생이 차지하는 부분은 남학생보다 1칸 더 많고, 여학생은 남학생보다 20명 더 많으므로 한 칸은 20명을 나타냅니다.
따라서 전체 학생은 $20\times11=220$(명)입니다.

6 자연수와 대분수를 가분수로 나타내면 지구: $1=\frac{10}{10}$, 천왕성: $19\frac{2}{10}=\frac{192}{10}$, 화성: $1\frac{2}{10}=\frac{12}{10}$입니다.

⇨ $\frac{192}{10}>\frac{95}{10}>\frac{54}{10}>\frac{12}{10}>\frac{10}{10}>\frac{7}{10}$이므로

태양에서 행성까지 상대적인 거리가 세 번째로 먼 행성은 목성입니다.

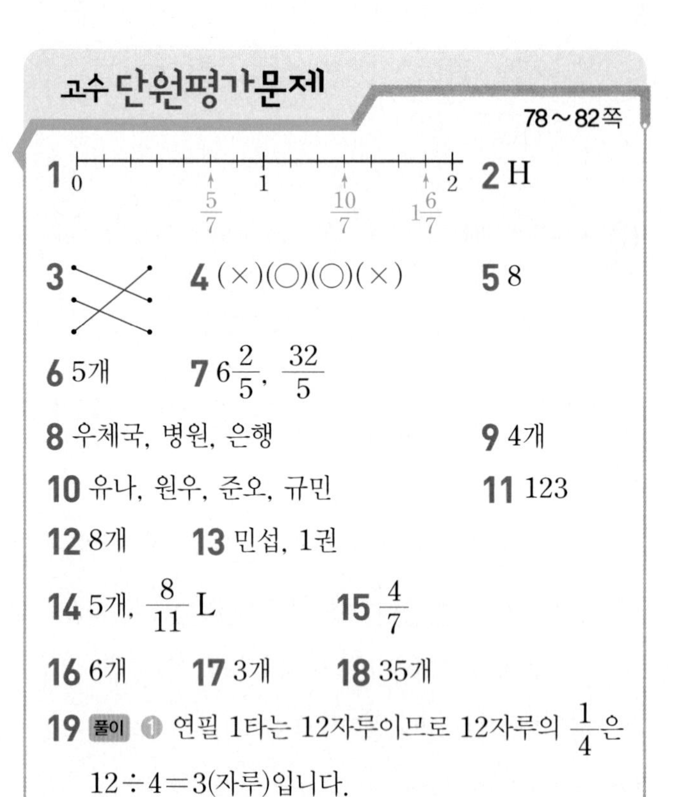

고수 단원평가문제

78~82쪽

1 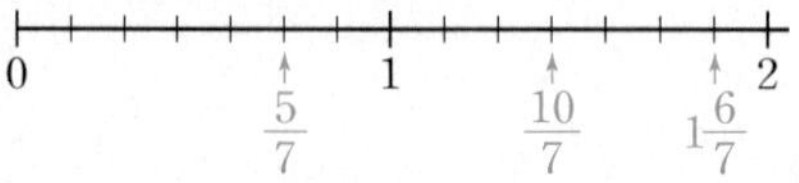

2 H

3 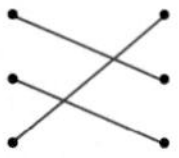

4 (×)(○)(○)(×)

5 8

6 5개

7 $6\frac{2}{5}$, $\frac{32}{5}$

8 우체국, 병원, 은행

9 4개

10 유나, 원우, 준오, 규민

11 123

12 8개

13 민섭, 1권

14 5개, $\frac{8}{11}$ L

15 $\frac{4}{7}$

16 6개

17 3개

18 35개

19 **풀이** ❶ 연필 1타는 12자루이므로 12자루의 $\frac{1}{4}$은 $12\div4=3$(자루)입니다.
❷ 12자루의 $\frac{3}{4}$은 $3\times3=9$(자루)이므로 수정이가 깎은 연필은 9자루입니다. **답** 9자루

20 **풀이** ❶ 모두 가분수로 나타내면
규량이는 $1\frac{1}{6}$시간$=\frac{7}{6}$시간,
민영이는 $1\frac{3}{6}$시간$=\frac{9}{6}$시간입니다.
❷ 분수의 크기를 비교하면
$\frac{10}{6}>\frac{9}{6}>\frac{7}{6}>\frac{5}{6}$이므로 수학 공부를 가장 오래 한 사람은 승준입니다.
❸ 60분의 $\frac{1}{6}$은 $60\div6=10$(분)이므로
60분의 $\frac{10}{6}$인 $10\times10=100$(분) 동안 수학 공부를 했습니다. **답** 승준, 100분

21 풀이 ❶ 1주일은 7일이므로 3주일은 $7\times3=21$(일)입니다. ❷ 매일 $\frac{1}{5}$ km씩 21일 동안 달린 거리는 $\frac{21}{5}$ km입니다. ❸ 가분수 $\frac{21}{5}$을 대분수로 나타내면 $4\frac{1}{5}$이므로 3주일 동안 달린 거리는 모두 $4\frac{1}{5}$ km입니다. 답 $4\frac{1}{5}$ km

22 풀이 ❶ 분모가 7인 대분수는 ▲$\frac{■}{7}$입니다.
❷ 가분수 $\frac{18}{7}$을 대분수로 나타내면 $2\frac{4}{7}$입니다.
❸ $2\frac{4}{7}$보다 작은 분수를 구하면 자연수 부분이 1인 경우는 $1\frac{2}{7}$, $1\frac{3}{7}$, $1\frac{4}{7}$, $1\frac{5}{7}$, $1\frac{6}{7}$으로 5개이고, 자연수 부분이 2인 경우는 $2\frac{1}{7}$, $2\frac{3}{7}$으로 2개이므로 모두 $5+2=7$(개)입니다. 답 7개

23 풀이 ❶ 지수가 가지고 있는 전체 붙임딱지의 $\frac{2}{5}$가 18장이므로 전체 붙임딱지의 $\frac{1}{5}$은 $18\div2=9$(장)입니다. ⇨ 전체 붙임딱지는 $9\times5=45$(장)입니다.
❷ 45장의 $\frac{1}{9}$은 $45\div9=5$(장)이고, 별 모양의 붙임딱지는 45장의 $\frac{3}{9}$이므로 $5\times3=15$(장)입니다.
답 15장

1 수직선의 작은 눈금 한 칸은 $\frac{1}{7}$입니다.

2 대분수는 자연수와 진분수로 이루어진 분수입니다.

$\frac{3}{4}$	$1\frac{1}{4}$	$\frac{7}{7}$	$3\frac{1}{2}$	$\frac{19}{10}$
$\frac{4}{15}$	$2\frac{3}{5}$	$6\frac{1}{8}$	$5\frac{5}{6}$	$\frac{2}{9}$
$\frac{9}{2}$	$4\frac{2}{3}$	$\frac{5}{8}$	$2\frac{4}{7}$	$\frac{8}{3}$

3 $1\frac{3}{9}=\frac{12}{9}$, $1\frac{6}{9}=\frac{15}{9}$, $2\frac{1}{9}=\frac{19}{9}$

4 • $\frac{10}{3}$, $\frac{6}{6}$ ⇨ 가분수 • $\frac{4}{5}$, $\frac{2}{9}$ ⇨ 진분수

5 가분수는 분자가 분모와 같거나 분모보다 커야 하므로 □ 안에 들어갈 수 있는 수는 8, 9, 10……입니다.
따라서 □ 안에 들어갈 수 있는 가장 작은 수는 8입니다.

6 자연수 2보다 작으므로 대분수의 자연수 부분은 1입니다. $1\frac{□}{6}$에서 □ 안에 들어갈 수 있는 수는 1, 2, 3, 4, 5이므로 조건을 만족하는 분수는 $1\frac{1}{6}$, $1\frac{2}{6}$, $1\frac{3}{6}$, $1\frac{4}{6}$, $1\frac{5}{6}$로 모두 5개입니다.

7 대분수는 자연수 부분이 클수록 큰 분수이므로 만들 수 있는 가장 큰 대분수는 $6\frac{2}{5}$입니다.
따라서 대분수 $6\frac{2}{5}$를 가분수로 나타내면 $\frac{32}{5}$입니다.

8 대분수 $1\frac{5}{9}$를 가분수로 나타내면 $\frac{14}{9}$입니다.
$\frac{13}{9}<\frac{14}{9}<\frac{15}{9}$ ⇨ $\frac{13}{9}<1\frac{5}{9}<\frac{15}{9}$이므로 명수네 집에서 가까운 곳부터 차례로 써 보면 우체국, 병원, 은행입니다.

9 10개의 $\frac{1}{5}$은 $10\div5=2$(개)이므로 10개의 $\frac{2}{5}$는 $2\times2=4$(개)입니다.
따라서 흰 바둑돌은 4개입니다.

10 대분수를 가분수로 나타내면 $3\frac{1}{8}=\frac{25}{8}$, $1\frac{7}{8}=\frac{15}{8}$이므로 $\frac{30}{8}>\frac{26}{8}>\frac{25}{8}>\frac{15}{8}$입니다.
따라서 길이가 가장 길게 늘어난 사람부터 차례로 이름을 써 보면 유나, 원우, 준오, 규민입니다.

11 • ■의 $\frac{6}{7}$은 54이므로 ■의 $\frac{1}{7}$은 $54\div6=9$입니다.
⇨ $■=9\times7=63$
• ▲의 $\frac{8}{15}$은 32이므로 ▲의 $\frac{1}{15}$은 $32\div8=4$입니다.
⇨ $▲=4\times15=60$
따라서 $■+▲=63+60=123$입니다.

12 대분수 $2\frac{5}{9}$를 가분수로 나타내면 $2\frac{5}{9}=\frac{23}{9}$이므로 $2\frac{5}{9}<\frac{□}{9}<\frac{32}{9}$ ⇨ $\frac{23}{9}<\frac{□}{9}<\frac{32}{9}$입니다.
분자의 크기를 비교하면 $23<□<32$입니다.

따라서 □ 안에 들어갈 수 있는 수는 24, 25 …… 30, 31이므로 모두 8개입니다.

13 윤아: 28권의 $\frac{1}{7}$은 $28\div7=4$(권)이므로 28권의 $\frac{6}{7}$은 $4\times6=24$(권)입니다.

민섭: 30권의 $\frac{1}{6}$은 $30\div6=5$(권)이므로 30권의 $\frac{5}{6}$는 $5\times5=25$(권)입니다.

따라서 $24<25$이므로 민섭이가 동화책을 $25-24=1$(권) 더 많이 읽었습니다.

14 가분수 $\frac{63}{11}$을 대분수로 나타내면 $5\frac{8}{11}$이므로 $5+\frac{8}{11}$로 나타낼 수 있습니다.

따라서 1 L씩 5개의 병을 채우고 $\frac{8}{11}$ L가 남습니다.

15 28개를 4개씩 봉지에 담으면 $28\div4=7$(봉지)가 됩니다. 한 봉지에 4개씩 있고 남은 귤이 12개이므로 남은 귤은 3봉지입니다.
따라서 친구에게 준 귤은 $7-3=4$(봉지)이므로 전체의 $\frac{4}{7}$입니다.

16 인성이가 먹은 쿠키는 27개의 $\frac{1}{3}$인 $27\div3=9$(개)이므로 먹고 남은 쿠키는 $27-9=18$(개)입니다.

18개의 $\frac{1}{3}$은 $18\div3=6$(개)이므로 태현이가 먹은 쿠키는 18개의 $\frac{2}{3}$인 $6\times2=12$(개)입니다.

따라서 남은 쿠키는 $27-9-12=6$(개)입니다.

다른 풀이

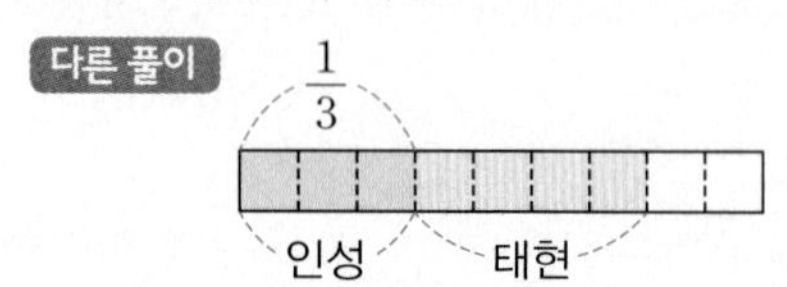

위 그림의 1칸은 $27\div9=3$(개)이고 인성이와 태현이가 먹고 남은 쿠키는 2칸이므로 $3\times2=6$(개)입니다.

17 분모가 2인 가분수는 $\frac{3}{2}$, $\frac{5}{2}$, $\frac{7}{2}$, $\frac{8}{2}$, $\frac{9}{2}$입니다. 이 중에서 $4(=\frac{8}{2})$보다 작은 가분수는 $\frac{3}{2}$, $\frac{5}{2}$, $\frac{7}{2}$로 모두 3개입니다.

18 민이가 가지고 있는 사탕의 수를 □개라 하면 □의 $\frac{3}{5}$은 24입니다. □의 $\frac{1}{5}$은 $24\div3=8$이므로 $□=8\times5=40$입니다.

따라서 40개의 $\frac{1}{8}$은 $40\div8=5$(개)이므로 40개의 $\frac{7}{8}$은 $5\times7=35$(개)입니다.

19 평가상의 유의점 연필 1타의 $\frac{1}{4}$은 얼마인지 구한 후 수정이가 깎은 연필의 수를 구했는지 확인합니다.

단계	채점 기준	점수
❶	연필 1타의 $\frac{1}{4}$은 몇 자루인지 구하기	2점
❷	수정이가 깎은 연필의 수 구하기	3점

20 평가상의 유의점 대분수나 가분수로 통일하여 분수의 크기를 비교한 후 수학 공부를 가장 오래 한 사람의 공부한 시간을 구했는지 확인합니다.

단계	채점 기준	점수
❶	대분수나 가분수로 통일하여 나타내기	1점
❷	분수의 크기 비교하기	2점
❸	시간을 분으로 나타내기	2점

21 평가상의 유의점 3주일의 날수를 구한 후 수민이가 3주일 동안 달린 거리를 대분수로 나타냈는지 확인합니다.

단계	채점 기준	점수
❶	3주일의 날수 구하기	1점
❷	3주일 동안 달린 거리를 가분수로 나타내기	2점
❸	3주일 동안 달린 거리를 대분수로 나타내기	2점

22 평가상의 유의점 조건을 만족하는 대분수의 개수를 알맞게 구했는지 확인합니다.

단계	채점 기준	점수
❶	분모가 7인 대분수로 나타내기	1점
❷	가분수 $\frac{18}{7}$을 대분수로 나타내기	1점
❸	조건을 만족하는 대분수의 개수 구하기	3점

23 평가상의 유의점 전체 붙임딱지 수를 구한 후 별 모양의 붙임딱지 수를 구했는지 확인합니다.

단계	채점 기준	점수
❶	전체 붙임딱지 수 구하기	3점
❷	별 모양의 붙임딱지 수 구하기	2점

5 들이와 무게

고수 확인문제

86~87쪽

1 주전자 **2** 2 L 900 mL, 2 리터 900 밀리리터
3 ㉡, ㉠, ㉣, ㉢ **4** 효준
5 5 L 800 mL, 3 L 400 mL **6** 5 L 300 mL
7 양파 **8** (풀이 참조) **9** 토끼 **10** ㉢
11 $\overset{8}{\cancel{9}}$ kg $\overset{1000}{200}$ g − 3 kg 600 g = 5 kg 600 g **12** 3 kg 800 g

1 물의 높이가 높을수록 들이가 많으므로 물의 높이가 더 높은 주전자의 들이가 더 많습니다.

2 2 L보다 900 mL 더 많은 들이를 2 L 900 mL라 쓰고 2 리터 900 밀리리터라고 읽습니다.

3 ㉠ 3 L 100 mL=3100 mL
㉡ 4 L 90 mL=4090 mL

4 3 L와의 차가 예림이는 200 mL, 효준이는 100 mL이므로 실제 들이와 어림한 들이의 차가 더 작은 효준이가 더 가깝게 어림했습니다.

5 1200 mL=1 L 200 mL입니다.
합: 1 L 200 mL+4 L 600 mL=5 L 800 mL
차: 4 L 600 mL−1 L 200 mL=3 L 400 mL

6 (남은 물의 양)=6 L 900 mL−1 L 600 mL
=5 L 300 mL

7 오이와 당근 중에서 오이가 더 가볍고, 오이와 양파 중에서 양파가 더 가볍습니다.
따라서 가벼운 채소부터 차례로 써 보면 양파, 오이, 당근이므로 가장 가벼운 채소는 양파입니다.

8 • 1 kg=1000 g
• 1 t=1000 kg

9 3 kg 500 g=3500 g이고 3500 g<3550 g입니다. 따라서 토끼가 더 무겁습니다.

10 ㉢ 자동차의 무게는 약 2 t입니다.

11 받아내림에 주의하여 계산해야 합니다.

12 (밤과 도토리의 무게)=2 kg 300 g+1 kg 500 g
=3 kg 800 g

STEP 1 고수 대표유형문제

88~92쪽

1 대표문제 나 그릇
1단계 많습니다에 ○표
2단계 4, 5, 7 3단계 나, 가, 다, 나
유제 1 정호, 영석, 지현 유제 2 3배

2 대표문제 8 L 900 mL
1단계 1000, 3000, 3, 3, 600
2단계 5, 300, 3, 600, 8, 900
유제 3 2 L 900 mL 유제 4 4 L 300 mL

3 대표문제 13 kg 400 g
1단계 2, 800, 8, 100 2단계 8, 100, 13, 400
유제 5 6 kg 700 g 유제 6 4 kg 900 g

4 대표문제 500 g
1단계 3, 200, 3, 200, 700, 2, 500
2단계 2, 500, 2500, 2500, 500
유제 7 600 g 유제 8 220 g

5 대표문제 400 g
1단계 500, 1000 2단계 1000, 2000
3단계 2000, 400
유제 9 1 kg 600 g

유제 1 덜어 낸 횟수가 많을수록 그릇의 들이는 적습니다. 덜어 낸 횟수를 비교하면 11>9>8이므로 들이가 적은 그릇을 가진 사람부터 차례로 이름을 써 보면 정호, 영석, 지현입니다.

유제 2 냄비의 들이: 12컵
물병의 들이: 12−8=4(컵)
따라서 냄비의 들이는 물병의 들이의 12÷4=3(배)입니다.

유제 3 1 L=1000 mL이므로 처음에 있던 식용유의 양은 4100 mL=4000 mL+100 mL
=4 L+100 mL=4 L 100 mL입니다.
⇨ (남은 식용유의 양)
=(처음에 있던 식용유의 양)
−(사용한 식용유의 양)
=4 L 100 mL−1 L 200 mL
=2 L 900 mL

유제 4 (섞은 용액의 양)
=(㉮ 용액의 양)+(㉯ 용액의 양)
=2 L 700 mL+3 L 400 mL
=6 L 100 mL
⇨ (남은 용액의 양)=6 L 100 mL−1 L 800 mL
=4 L 300 mL

유제 5 (블루베리의 무게)
=(체리의 무게)−2 kg 500 g
=4 kg 600 g−2 kg 500 g
=2 kg 100 g
⇨ (체리의 무게)+(블루베리의 무게)
=4 kg 600 g+2 kg 100 g
=6 kg 700 g

유제 6 (유진이의 몸무게)
=(유진이가 고양이를 안고 잰 무게)
−(고양이의 무게)
=41 kg 600 g−4 kg 300 g
=37 kg 300 g
⇨ (강아지의 무게)
=(유진이가 강아지를 안고 잰 무게)
−(유진이의 몸무게)
=42 kg 200 g−37 kg 300 g
=4 kg 900 g

유제 7 복숭아 6개의 무게와 빈 바구니의 무게의 합이 4 kg 400 g이고 빈 바구니 무게는 800 g이므로 복숭아 6개의 무게는
4 kg 400 g−800 g=3 kg 600 g입니다.
3 kg 600 g=3600 g이고
3600 g=600 g+600 g+600 g+600 g
+600 g+600 g
이므로 복숭아 한 개의 무게는 600 g입니다.

유제 8 1 kg=1000 g
(우유 $\frac{1}{2}$의 무게)
=(우유가 가득 들어 있는 병의 무게)
−(우유를 $\frac{1}{2}$만큼 마시고 잰 병의 무게)
=1000 g−610 g=390 g
(가득 들어 있는 우유만의 무게)
=390 g+390 g=780 g
⇨ (빈 병의 무게)
=(우유가 가득 들어 있는 병의 무게)
−(가득 들어 있는 우유만의 무게)
=1000 g−780 g=220 g

다른 풀이 (빈 병의 무게)
=(우유를 $\frac{1}{2}$만큼 마시고 잰 병의 무게)
−(우유 $\frac{1}{2}$의 무게)
=610 g−390 g=220 g

유제 9 오른쪽 저울은 왼쪽 저울보다 추가 20개 더 많으므로 가방의 무게는 추 20개의 무게와 같습니다.
따라서 가방의 무게는
80×20=1600(g) ⇨ 1 kg 600 g입니다.

STEP 2 고수 실전문제

93~95쪽

1 비커 **2** 6번 **3** 냄비 **4** 두리
5 112 kg 400 g **6** 4개
7 12 L 600 mL **8** 33 kg **9** 200 g
10 11 L 150 mL **11** 3 kg 200 g
12 500 g **13** 30개 **14** 필통
15 11 kg 200 g **16** 5 kg 500 g
17 2 kg 700 g
18 700 mL, 2 L 800 mL

1 눈금실린더와 삼각플라스크에 가득 담긴 물의 양을 합하면 200 mL+300 mL=500 mL이므로 비커에 담긴 물의 양과 같아집니다.

2 주전자로 한 번 부은 물의 양은 컵으로 2번 부은 물의 양과 같으므로 주전자로 양동이에 물을 가득 채우려면 적어도 12÷2=6(번) 부어야 합니다.

3 냄비의 들이: 7컵
꽃병의 들이: 7−3=4(컵)
주전자의 들이: 4+2=6(컵)
물을 모두 옮겨 담은 컵의 수가 많을수록 들이가 많으므로 냄비의 들이가 가장 많습니다.

4 실제 가방의 무게와 어림한 무게의 차가 작을수록 가깝게 어림한 것입니다.
준영: 1 kg 100 g−1 kg 50 g=50 g
지원: 1 kg 50 g−950 g=100 g
두리: 1 kg 50 g−1 kg 10 g=40 g

5 책상: 14900 g=14 kg 900 g
침대: 73000 g=73 kg
가장 무거운 무게는 냉장고로 97 kg 500 g이고, 가장 가벼운 무게는 책상으로 14 kg 900 g입니다.
따라서 두 물건의 무게의 합은
97 kg 500 g+14 kg 900 g=112 kg 400 g입니다.

6 8 kg 450 g−3 kg 900 g=4 kg 550 g
=4550 g
⇨ 4550 g<4□00 g에서 □ 안에 들어갈 수 있는 수는 6, 7, 8, 9로 모두 4개입니다.

7 (사용한 물의 양)
=5 L 400 mL+3 L 600 mL+3 L 600 mL
=12 L 600 mL

8 (무의 무게)=20 kg 400 g−7 kg 800 g
=12 kg 600 g
⇨ (배추와 무의 무게)
=20 kg 400 g+12 kg 600 g
=33 kg

9 (아버지가 딴 딸기의 무게)
=9 kg−1 kg 800 g−3 kg 500 g
=3 kg 700 g
따라서 아버지는 어머니보다 딸기를
3 kg 700 g−3 kg 500 g=200 g 더 많이 땄습니다.

10 (3분 동안 받은 물의 양)
=3 L 450 mL+3 L 450 mL+3 L 450 mL
=10 L 350 mL
⇨ (양동이의 들이)=10 L 350 mL+800 mL
=11 L 150 mL

11 (밀가루의 무게)+(설탕의 무게)=5 kg 900 g
(설탕의 무게)+(소금의 무게)=4 kg 300 g
(설탕의 무게)=4 kg 300 g−1 kg 600 g
=2 kg 700 g
⇨ (밀가루의 무게)=5 kg 900 g−2 kg 700 g
=3 kg 200 g

12 (배 1개의 무게)=2 kg 300 g−1 kg 700 g
=600 g
(배 2개의 무게)=600 g+600 g=1200 g
=1 kg 200 g
⇨ (참외 한 개의 무게)=1 kg 700 g−1 kg 200 g
=500 g

13 200×5=1000(mL)이므로 2 L=2000 mL는 200 mL의 5×2=10(배)입니다.
따라서 우유 2 L로 팬케이크를 3×10=30(개)까지 만들 수 있습니다.

14 장난감: 1 kg 300 g=1300 g
=700 g+500 g+100 g
동화책: 900 g=500 g+300 g+100 g
필통: 추의 무게를 모두 더하면 1600 g이므로
1700 g짜리 필통의 무게는 잴 수 없습니다.

15
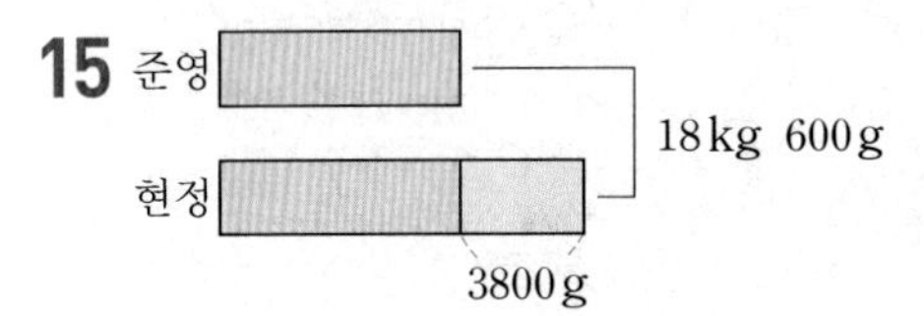

3800 g=3 kg 800 g이고
준영이가 가지는 고구마의 무게는
18 kg 600 g−3 kg 800 g=14 kg 800 g의 반인
7 kg 400 g입니다.
→ 800÷2=400
→ 14÷2=7
따라서 현정이가 가지는 고구마의 무게는
7 kg 400 g+3 kg 800 g=11 kg 200 g입니다.
다른 풀이 현정이가 가지는 고구마의 무게는
18 kg 600 g+3 kg 800 g=22 kg 400 g의 반인
11 kg 200 g입니다.

16 물통의 반만 채운 물의 무게는
3 kg 200 g−900 g=2 kg 300 g입니다.
따라서 물을 가득 채운 물통의 무게는
2 kg 300 g+2 kg 300 g+900 g=5 kg 500 g입니다.

17 오이 5개의 무게와 호박 3개의 무게가 같으므로 오이 10개의 무게와 호박 6개의 무게가 같습니다. 또한 호박 2개의 무게와 당근 3개의 무게가 같으므로 호박 6개의 무게와 당근 9개의 무게가 같습니다.
오이 10개의 무게와 당근 9개의 무게가 같으므로
$300\times9=2700$(g) ⇨ 2 kg 700 g입니다.

18 ㉮ 그릇의 들이를 □ mL라 하면 ㉯ 그릇의 들이는 (□×4) mL이고 ㉮와 ㉯ 그릇의 들이의 합은 (□×5) mL입니다.
3 L 500 mL=3500 mL이고 □×5=3500에서 □=700입니다.
따라서 ㉮ 그릇의 들이는 700 mL이고 ㉯ 그릇의 들이는 $700\times4=2800$(mL) ⇨ 2 L 800 mL입니다.

STEP 3 고수 최고문제

96~97쪽

1 800 mL **2** 600 g **3** 800 g

4 예 들이가 500 mL인 컵에 물을 가득 채운 후 들이가 300 mL인 컵에 부으면 들이가 500 mL인 컵에는 200 mL가 남습니다. 들이가 300 mL인 컵에 들어 있던 물을 버리고 들이가 500 mL인 컵에 있던 200 mL의 물을 들이가 300 mL인 컵에 붓습니다. 들이가 500 mL인 컵에 물을 가득 채운 후 들이가 300 mL인 컵에 가득 찰 때까지 부으면 들이가 500 mL인 컵에는 400 mL만 남습니다.

5 11번 **6** 273 L 600 mL

1 두 물통에 들어 있는 물은 모두
1 L 900 mL+3 L 500 mL=5 L 400 mL입니다.
두 물통의 물의 양이 같으려면 각 물통에
5 L 400 mL의 반인 2 L 700 mL씩 담으면 됩니다.
따라서 나 물통에서 가 물통에
3 L 500 mL−2 L 700 mL=800 mL를 부으면 두 물통의 물의 양이 같아집니다.
다른 풀이 두 물통에 들어 있는 물의 양의 차를 구하여 그 반만큼을 나 물통에서 가 물통으로 옮기면 됩니다.
3 L 500 mL−1 L 900 mL=1 L 600 mL이므로 1 L 600 mL의 반인 800 mL를 나 물통에서 가 물통으로 옮기면 두 물통의 물의 양이 같아집니다.

2 (로봇 1개와 장난감 자동차 1개의 무게의 합)
=1 kg 500 g
(로봇 2개와 장난감 자동차 1개의 무게의 합)
=2 kg 400 g
⇨ (로봇 1개의 무게)=2 kg 400 g−1 kg 500 g
=900 g
따라서 장난감 자동차 한 개의 무게는
1 kg 500 g−900 g=600 g입니다.

3 (처음에 있던 참기름만의 무게)
=(참기름이 담긴 병의 무게)−(빈 병의 무게)
=1 kg 100 g−200 g=900 g
사용한 참기름의 양은 900 g의 $\frac{1}{3}$이므로 300 g입니다.
따라서 사용한 후에 참기름병의 무게는
1 kg 100 g−300 g=800 g입니다.

5 들이가 4 L인 그릇으로 4번 부으면 $4\times4=16$(L), 들이가 600 mL인 컵으로 10번 부으면
6000 mL=6 L이므로
(어항에 부은 물의 양)=16 L+6 L=22 L입니다.
어항 들이의 $\frac{1}{3}$이 22 L이므로 어항의 들이는
$22\times3=66$(L)입니다.
어항에 물이 가득 차도록 더 부어야 할 물의 양은
66 L−22 L=44 L입니다.
따라서 들이가 4 L인 그릇으로 적어도 $44\div4=11$(번) 더 부어야 합니다.

6 5말: $18\times5=90$(L)
2되: 1 L 800 mL+1 L 800 mL=3 L 600 mL
⇨ 1섬 5말 2되: 180 L+90 L+3 L 600 mL
=273 L 600 mL

고수 단원평가문제

98~102쪽

1 나, 가, 다
2 (1) 5000 (2) 3000 (3) 2, 600 (4) 8, 700 (5) 7
3 ㉢ **4** 1 L 400 mL **5** 주전자
6 옷핀 **7** ㉡ **8** 2 kg 700 g

9 12, 900 **10** 35 kg 100 g

11 1 kg 530 g **12** 8 kg 700 g

13 5번 **14** 30 kg 700 g

15 5초 **16** 500 g **17** 180 g **18** 4번

19 풀이 ❶ 1 L=1000 mL이므로
2 L 600 mL=2600 mL입니다.
❷ 2600 mL>2300 mL이므로 우유가 더 많습니다. 답 우유

20 풀이 ❶ 처음에 들어 있던 물의 양은
1 L 400 mL입니다.
❷ 700 mL씩 3번 부으면
700 mL+700 mL+700 mL=2100 mL
=2 L 100 mL입니다.
❸ 수조에 들어 있는 물의 양은 모두
1 L 400 mL+2 L 100 mL=3 L 500 mL가 됩니다. 답 3 L 500 mL

21 풀이 ❶ 사슴의 무게는
4 kg 500 g+4 kg 500 g+23 kg=32 kg
입니다.
❷ 염소의 무게는
32 kg−21 kg 400 g=10 kg 600 g입니다.
답 10 kg 600 g

22 풀이 ❶ 처음에 가득 들어 있던 레몬차만의 무게는
1 kg 150 g−550 g=600 g입니다.
❷ 600 g의 $\frac{1}{6}$은 100 g이므로 $\frac{1}{6}$을 마시고 남은 레몬차의 무게는 600 g−100 g=500 g입니다.
❸ 따라서 남은 레몬차가 담긴 병의 무게는
550 g+500 g=1050 g=1 kg 50 g이 됩니다.
답 1 kg 50 g

23 풀이 ❶ 1100 g=1000 g+100 g
=1 kg+100 g=1 kg 100 g입니다.
❷ 호박의 무게는
2 kg 200 g+1 kg 100 g=3 kg 300 g입니다.
❸ 무의 무게는 배추, 호박, 무의 무게의 합에서 배추와 호박의 무게를 빼면 되므로
6 kg 400 g−2 kg 200 g−3 kg 300 g
=900 g입니다.
답 900 g

1 모양과 크기가 같은 그릇에 옮겨 담았으므로 물의 높이가 높을수록 들이가 많습니다.

2 • 1 L=1000 mL
• 1 kg=1000 g
• 1 t=1000 kg

3 ㉠ 감기약 용기의 들이는 약 60 mL입니다.
㉡ 주스병의 들이는 약 2 L입니다.

4 600 mL+800 mL=1400 mL
=1 L 400 mL

5 2 L와의 차가 물통은 1 L, 주전자는 100 mL, 냄비는 500 mL입니다.
따라서 들이가 2 L에 가장 가까운 것은 차가 가장 작은 주전자입니다.

6 공의 무게는 클립 15개, 옷핀 20개의 무게와 같으므로 (클립 15개의 무게)=(옷핀 20개의 무게)입니다.
따라서 옷핀 한 개의 무게가 더 가볍습니다.

7 ㉠ 1 L 900 mL+4 L 500 mL=6 L 400 mL
㉡ 10 L−2 L 400 mL=7 L 600 mL
따라서 6 L 400 mL<7 L 600 mL이므로 들이가 더 많은 것은 ㉡입니다.

8 냄비: 2700 g=2 kg 700 g
⇨ 5 kg 400 g>4 kg 800 g>2 kg 700 g이므로 가장 무거운 물건은 항아리이고 가장 가벼운 물건은 냄비입니다.
따라서 두 물건의 무게의 차는
5 kg 400 g−2 kg 700 g=2 kg 700 g입니다.

9 g 단위끼리 뺄 수 없으므로 받아내림하여 계산하면
1300−□=400, □=900입니다.
kg 단위끼리 계산에서 받아내림한 수를 생각하여 계산하면 □−1−5=6, □=12입니다.

10 (팥의 무게)
=15 kg 300 g+4 kg 500 g
=19 kg 800 g
⇨ (콩의 무게)+(팥의 무게)
=15 kg 300 g+19 kg 800 g
=35 kg 100 g

11 1인분을 만드는 데 필요한 재료는
150 g+120 g+140 g+100 g=510 g입니다.
따라서 3인분을 만드는 데 필요한 재료는
510 g+510 g+510 g=1530 g=1 kg 530 g입니다.

12 (당근 2관의 무게)=3 kg 750 g+3 kg 750 g
=7 kg 500 g
(돼지고기 2근의 무게)=600 g+600 g
=1200 g=1 kg 200 g
⇨ (당근 2관의 무게)+(돼지고기 2근의 무게)
=7 kg 500 g+1 kg 200 g
=8 kg 700 g

13 (더 부어야 하는 물의 양)=20 L−18 L 500 mL
=1 L 500 mL
=1500 mL
1500 mL=300 mL+300 mL+300 mL
+300 mL+300 mL
따라서 들이가 300 mL인 바가지로 적어도 5번 부어야 합니다.

14 (수진이의 몸무게)
=31 kg 800 g+3 kg 200 g
=35 kg
⇨ (근영이의 몸무게)
=97 kg 500 g−35 kg−31 kg 800 g
=30 kg 700 g

15 이 물통은 1초에 물을
300 mL−100 mL=200 mL씩 채울 수 있습니다.
1 L=1000 mL이고 200×5=1000(mL)입니다.
따라서 200 mL씩 5번 채우면 되므로 5초가 걸립니다.

16 (포도 5송이의 무게)=3 kg 800 g−1 kg 300 g
=2 kg 500 g=2500 g
2500 g=500 g+500 g+500 g+500 g+500 g
따라서 포도 한 송이의 무게는 500 g입니다.

17 (사과 4개의 무게)+(상자의 무게)=1 kg 540 g
(사과 2개의 무게)+(상자의 무게)=860 g
⇨ (사과 2개의 무게)=1 kg 540 g−860 g=680 g
따라서 빈 상자의 무게는 860 g−680 g=180 g입니다.

18 (450 mL씩 8번 부은 물의 양)
=450×8=3600(mL) ⇨ 3 L 600 mL
(700 mL씩 4번 부은 물의 양)
=700×4=2800(mL) ⇨ 2 L 800 mL
⇨ (항아리에 부은 물의 양)
=3 L 600 mL+2 L 800 mL=6 L 400 mL
1 L 600 mL+1 L 600 mL+1 L 600 mL+1 L 600 mL=6 L 400 mL이므로 들이가 1 L 600 mL인 바가지로 적어도 4번 덜어 내야 합니다.

19 평가상의 유의점 들이의 단위를 통일하여 들이를 비교한 후 알맞은 답을 구했는지 확인합니다.

단계	채점 기준	점수
❶	들이의 단위 통일하기	2점
❷	들이 비교하기	3점

20 평가상의 유의점 눈금을 읽고 부은 물의 양을 구한 후 수조에 들어 있는 물의 양을 구했는지 확인합니다.

단계	채점 기준	점수
❶	처음에 들어 있던 물의 양 구하기	1점
❷	부은 물의 양 구하기	2점
❸	수조에 들어 있는 물의 양 구하기	2점

21 평가상의 유의점 사슴의 무게를 구한 후 염소의 무게를 구했는지 확인합니다.

단계	채점 기준	점수
❶	사슴의 무게 구하기	3점
❷	염소의 무게 구하기	2점

22 평가상의 유의점 처음에 들어 있던 레몬차와 그 무게의 $\frac{1}{6}$을 구한 후 남은 레몬차가 담긴 병의 무게를 구했는지 확인합니다.

단계	채점 기준	점수
❶	처음에 들어 있던 레몬차만의 무게 구하기	1점
❷	레몬차를 마시고 남은 레몬차의 무게 구하기	2점
❸	남은 레몬차가 담긴 병의 무게 구하기	2점

23 평가상의 유의점 호박의 무게를 구한 후 무의 무게를 구했는지 확인합니다.

단계	채점 기준	점수
❶	1100 kg을 몇 kg 몇 g으로 바꾸기	1점
❷	호박의 무게 구하기	2점
❸	무의 무게 구하기	2점

6 자료의 정리

고수 확인문제

105쪽

1 19 **2** 소망동, 믿음동, 기쁨동, 사랑동
3 22, 35, 28, 14, 99 **4** 달빛 마을
5 17가구 **6**

학생별 모은 우표 수

이름	우표 수
서윤	◫◫◫◫▫▫
은재	◫◫◫
석우	◫◫◫◫▫

◫ 10장
▫ 1장

1 (사랑동의 병원 수)$=122-30-45-28=19$(개)

2 $45>30>28>19$이므로 병원 수가 많은 동부터 순서대로 써 보면 소망동, 믿음동, 기쁨동, 사랑동입니다.

3 (합계)$=22+35+28+14=99$(명)

5 햇빛 마을의 가구 수는 24가구, 별빛 마을의 가구 수는 41가구입니다. ⇨ $41-24=17$(가구)

STEP 1 고수 대표유형문제

106~110쪽

1 대표문제 2배
1단계 165, 165, 24 2단계 24, 2
유제 **1** 4, 25 유제 **2** 32개

2 대표문제 20개
1단계 33, 24 2단계 33, 41, 24, 20
유제 **3** 4반

3 대표문제 1000마리
1단계 350, 100, 10
2단계 230, 320, 100, 1000
유제 **4**

친구별 주운 조개껍데기 수

이름	조개껍데기 수
은수	△△△△○○○○
형준	△△△○
승기	△△○○○

4 대표문제 18명
1단계 20, 20, 40 2단계 90, 90, 12, 20, 40, 18
유제 **5** 20명

5 대표문제 3360원
1단계 23, 31, 16, 14, 23, 31, 16, 14, 84
2단계 84, 3360
유제 **6** 10줄

유제 **1** 봄을 좋아하는 학생은 8명의 $\frac{1}{2}$인 4명입니다.
⇨ (합계)$=4+6+8+7=25$(명)

유제 **2** 판 도넛 수를 □개라 하면 쿠키 수는 (□-14)개이므로 합계는 $24+5+$□$+$□$-14=79$,
□$+$□$=64$, □$=32$입니다.
따라서 도넛을 32개 팔았습니다.

유제 **3** 표에서 1반은 43권, 그림그래프에서 2반은 35권, 3반은 42권이므로 4반은
$171-43-35-42=51$(권)입니다.
⇨ $51>43>42>35$이므로 책을 가장 많이 읽은 반은 4반입니다.

유제 **4** 왼쪽 그림그래프에서 은수가 주운 조개껍데기는 24개이므로 ◎는 조개껍데기 10개, ○는 조개껍데기 1개를 나타냅니다.
따라서 형준이가 주운 조개껍데기는 16개, 승기가 주운 조개껍데기는 13개입니다.
오른쪽 그림그래프에서 은수가 주운 조개껍데기 수를 △△△△○○○○로 그렸고 이 그림이 24개를 나타내므로 △는 조개껍데기 5개를, ○는 조개껍데기 1개를 나타낸다고 할 수 있습니다. 따라서 형준이는 △ 3개와 ○ 1개를, 승기는 △ 2개와 ○ 3개를 그립니다.

유제 **5** 그네를 좋아하는 학생이 21명이므로 미끄럼틀을 좋아하는 학생은 $21-5=16$(명)입니다.
따라서 정글짐을 좋아하는 학생은
$70-13-21-16=20$(명)입니다.

유제 **6** 1반 학생은 25명, 2반 학생은 28명, 3반 학생은 27명이므로 세 반의 학생 수는 모두
$25+28+27=80$(명)입니다.
따라서 세 반 학생들을 한 줄에 8명씩 세우면
$80\div8=10$(줄)이 됩니다.

STEP 2 고수 실전문제

111～113쪽

1 7, 3, 2, 4, 16 / 3, 8, 4, 3, 18 **2** 7명

3 34명 **4** 2배

5 마을별 놀이터 수 , 10, 1

마을	놀이터 수
별	◎◎◎◎○○○○○
달	◎○○○○○○
해	◎◎○○○○○○○
산	◎◎◎○○

6 마을별 놀이터 수 , 10, 5, 1

마을	놀이터 수
별	◎◎◎◎△
달	◎△○
해	◎◎△○○
산	◎◎◎○○

7 ㊕ 5번 그려야 되는 것을 1번으로 줄여서 좋습니다.

8 강아지, 고양이, 햄스터, 토끼

9 42, 56, 38, 40, 176 **10** 18 kg

11 ㊕ 마을별 귤 수확량

마을	귤 수확량
희망	▣▣□□□□□▪▪▪
믿음	▣▣▣▣□□□▪
행복	▣▣▣▣▣□□□□□□□▪▪
사랑	▣□□□□□□□□□▪▪▪▪

▣ 100상자 □ 10상자 ▪ 1상자

12 사랑 마을 **13** 15 / 17 / 33, 31, 96

14 13, 26, 등교 방법별 학생 수

등교 방법	학생 수
버스	●●●●●•
자가용	●•••
자전거	●●●●••••
도보	●●••••••

● 10명 • 1명

15 5990원 **16** 9표 **17** 102명

1 (전체 남학생 수)=7+3+2+4=16(명)
(전체 여학생 수)=3+8+4+3=18(명)

2 멜론 아이스크림을 좋아하는 남학생은 4명이고, 여학생은 3명입니다. ⇨ 4+3=7(명)

3 (조사한 학생 수)=(전체 남학생 수)+(전체 여학생 수)
=16+18=34(명)

4 딸기 아이스크림을 좋아하는 여학생은 8명이고, 바닐라 아이스크림을 좋아하는 여학생은 4명입니다.
⇨ 8÷4=2(배)

5 표를 보고 ◎는 10개, ○는 1개로 나타냅니다.

6 표를 보고 ◎는 10개, △는 5개, ○는 1개로 나타냅니다.

8 강아지를 좋아하는 학생 수를 □명이라 하면 고양이를 좋아하는 수는 (□−4)명이므로
□+7+5+□−4=32, □+□=24, □=12입니다. 따라서 강아지를 좋아하는 학생은 12명, 고양이를 좋아하는 학생은 12−4=8(명)입니다.
⇨ 12>8>7>5이므로 좋아하는 학생 수가 많은 동물부터 순서대로 써 보면 강아지, 고양이, 햄스터, 토끼입니다.

9 다 목장의 우유 생산량을 □kg이라 하면 라 목장의 우유 생산량은 (□+2) kg이므로
42+56+□+□+2=176, □+□=76, □=38입니다. 따라서 다 목장 우유 생산량은 38 kg, 라 목장 우유 생산량은 38+2=40(kg)입니다.

10 우유 생산량이 가장 많은 목장은 나 목장이고, 가장 적은 목장은 다 목장입니다. ⇨ 56−38=18(kg)

11 (사랑 마을의 귤 수확량)
=1450−253−431−572=194(상자)

13 (2반 남학생 수)=32−17=15(명)
(1반 여학생 수)=49−17−15=17(명)
(1반 전체 학생 수)=16+17=33(명)
(3반 전체 학생 수)=16+15=31(명)
(3학년 전체 학생 수)=47+49=96(명)

14 그림그래프에서 도보로 등교하는 학생이 26명이므로 표에서 자가용으로 등교하는 학생을 알아보면
134−51−44−26=13(명)입니다.

15 민정이는 80원짜리를 25개, 60원짜리를 30개, 50원짜리를 31개, 40원짜리를 16개 샀습니다.
따라서 80×25=2000(원), 60×30=1800(원), 50×31=1550(원), 40×16=640(원)이므로 비즈를 사고 낸 돈은 모두
2000+1800+1550+640=5990(원)입니다.

16 큰 그림 7개, 작은 그림 2개가 37표이므로 큰 그림 1개는 5표, 작은 그림 1개는 1표를 나타냅니다.
따라서 민재는 18표, 규성이는 16표를 받았으므로 재호가 받은 표는 $80-18-37-16=9$(표)입니다.

17 가장 적은 학생들이 좋아하는 떡볶이 가게가 떡달인일 때 전체 학생 수가 가장 많습니다.
따라서 떡맛 떡볶이 가게를 좋아하는 학생 수가 $16+24=40$(명)이므로 수진이네 학교 3학년 학생은 최대 $25+16+21+40=102$(명)입니다.

STEP 3 고수 최고문제

114~115쪽

1 5명 **2** 223, 171, 128, 77, 599
3 61명 **4** 69일

1 작년 1학년 학생이 2학년이 되면서 전학 간 학생은 없고, 작년 2학년 학생이 3학년이 되면서 전학 간 학생은 $36-33=3$(명), 작년 3학년 학생이 4학년이 되면서 전학 간 학생은 $41-40=1$(명), 작년 4학년 학생이 5학년이 되면서 전학 간 학생은 없고, 작년 5학년 학생이 6학년이 되면서 전학 간 학생은 $36-35=1$(명)입니다.
따라서 전학 간 학생은 모두 $3+1+1=5$(명)입니다.

2 중학생은 큰 그림이 3개, 중간 그림이 2개, 작은 그림이 1개이고 171명이므로 큰 그림 1개는 50명, 중간 그림 1개는 10명, 작은 그림 1개는 1명을 나타냅니다.

3 별빛 마을에 사는 학생 수를 □명이라 하면 꽃잎 마을에 사는 학생 수는 (□+4)명입니다.
$34+□+□+4+19+39=140$, $□+□=44$, $□=22$이므로 별빛 마을에 사는 학생은 22명입니다.
따라서 강을 건너지 않고 학교에 갈 수 있는 학생은 별빛 마을과 물빛 마을에 사는 학생이므로 $22+39=61$(명)입니다.

4 7월은 31일, 8월은 31일, 9월은 30일까지 있으므로 조사한 전체 날수는 $31+31+30=92$(일)입니다.
우산이 필요했던 날은 전체 날수에서 ☀와 ☁의 날수를 뺀 것과 같으므로 $92-11-12=69$(일)입니다.

고수 단원평가문제

116~120쪽

1 5, 6, 2, 2, 15 **2** 게임 **3** 노래
4 3배 **5** 30, 14, 25, 16, 85
6 85시간 **7** 16시간 **8** 8시간
9 32, 195,

마을별 가로등 수

마을	가로등 수
가	
나	
다	
라	

10개 1개

10 다 마을, 나 마을, 가 마을, 라 마을 **11** 28개
12 97명 **13**

학년별 휴대 전화를 가지고 있는 학생 수

학년	학생 수
3학년	
4학년	
5학년	
6학년	

50명 10명 1명

14 27개, 9개 **15** 6930원
16

후원하는 단체별 영수증 수

단체	영수증 수
가	
나	
다	
라	

10장 1장

17 가 단체, 3600원 **18** 360상자
19

과수원별 포도 생산량

과수원	포도 생산량
가	
나	
다	
라	

100상자 10상자

20 78명

21 풀이 ❶ AB형인 학생은 $111-42-24-30=15$(명)입니다. ❷ AB형은 15명이고 15명의 2배는 $15\times2=30$(명)입니다.
❸ 따라서 학생 수가 AB형인 학생 수의 2배인 혈액

형은 30명인 O형입니다. 답 O형

22 풀이 ❶ 내과에 온 환자는 340명, 외과에 온 환자는 270명, 안과에 온 환자는 50명입니다.
❷ 따라서 소아 청소년과에 온 환자는 $890-340-270-50=230$(명)입니다.
답 230명

23 풀이 ❶ 저금통에 들어 있던 10원짜리 동전은 62개이므로 $10\times62=620$(원), 50원짜리 동전은 35개이므로 $50\times35=1750$(원), 100원짜리 동전은 4개이므로 $100\times4=400$(원)입니다.
❷ 따라서 저금통에 들어 있던 동전의 금액은 모두 $620+1750+400=2770$(원)입니다.
답 2770원

24 풀이 ❶ 푸른 마을의 땅콩 생산량은 251 kg, 초원 마을의 땅콩 생산량은 164 kg, 보람 마을의 땅콩 생산량은 182 kg, 하늘 마을의 땅콩 생산량은 213 kg입니다. ❷ 땅콩 생산량은 모두 $251+164+182+213=810$(kg)입니다.
❸ 따라서 땅콩 810 kg을 한 상자에 5 kg씩 담으려면 상자는 $810\div5=162$(개)가 필요합니다.
답 162개

7 가장 많이 사용한 달은 6월로 30시간이고, 가장 적게 사용한 달은 7월로 14시간입니다.
⇨ $30-14=16$(시간)

9 그림그래프를 보면 라 마을의 가로등은 32개입니다. 따라서 합계는 $41+50+72+32=195$(개)입니다.

10 72개 > 50개 > 41개 > 32개
(다 마을, 나 마을, 가 마을, 라 마을)

11 $60-32=28$(개)

12 $279-42-60-80=97$(명)

14 큰 그림의 수는 십의 자리 수의 합과 같으므로 $4+6+8+9=27$(개)입니다.
작은 그림의 수는 일의 자리 수의 합과 같으므로 $2+7=9$(개)입니다.

15 모은 헌 종이의 무게는 $23+40+14=77$(kg)입니다. 따라서 헌 종이를 모두 팔아 받을 수 있는 금액은 $90\times77=6930$(원)입니다.

16 가 단체의 영수증이 45장, 나 단체의 영수증이 20장, 라 단체의 영수증이 32장이므로 다 단체의 영수증은 $115-45-20-32=18$(장)입니다.

17 영수증이 가장 많은 단체는 가 단체로 45장입니다. 따라서 후원 금액은 $80\times45=3600$(원)입니다.

18 나 과수원과 다 과수원의 포도 생산량의 합은 $1050-290-220=540$(상자)입니다.
다 과수원의 포도 생산량을 □상자라 하면 나 과수원의 포도 생산량은 (□×2)상자이므로 □×3=540, □=180입니다. 따라서 다 과수원의 포도 생산량은 180상자이고 나 과수원의 포도 생산량은 $180\times2=360$(상자)입니다.

20 R석이 12명이므로 큰 그림 1개는 5명, 작은 그림 1개는 1명을 나타냅니다. 따라서 VIP석은 4명, S석은 25명, A석은 37명이므로 오늘 뮤지컬을 보러 온 관람객은 모두 $4+12+25+37=78$(명)입니다.

21 평가상의 유의점 AB형인 학생 수를 구한 후 학생 수가 AB형인 학생 수의 2배인 혈액형을 구했는지 확인합니다.

단계	채점 기준	점수
❶	AB형인 학생 수 구하기	2점
❷	AB형인 학생 수의 2배 구하기	2점
❸	학생 수가 AB형인 학생 수의 2배인 혈액형 구하기	1점

22 평가상의 유의점 내과, 외과, 안과에 온 환자 수를 구한 후 소아 청소년과에 온 환자 수를 구했는지 확인합니다.

단계	채점 기준	점수
❶	내과, 외과, 안과에 온 환자 수 구하기	3점
❷	소아 청소년과에 온 환자 수 구하기	2점

23 평가상의 유의점 동전별 개수를 구하여 저금통에 들어 있던 동전의 금액을 구했는지 확인합니다.

단계	채점 기준	점수
❶	동전별 금액 구하기	4점
❷	저금통에 들어 있던 동전의 금액 구하기	1점

24 평가상의 유의점 전체 땅콩 생산량을 구한 후 필요한 상자 수를 구했는지 확인합니다.

단계	채점 기준	점수
❶	마을별 땅콩 생산량 구하기	2점
❷	전체 땅콩 생산량 구하기	1점
❸	필요한 상자 수 구하기	2점

상위권
심화학습서

수학의 고수

정답과 해설

건강한
배움의 즐거움
NE
능률